国家出版基金项目
NATIONAL PUBLICATION FOUNDATION

2020 年·北京

北冰洋冷遇记

［俄］亚历山大·谢苗诺夫 著

庄昀筠 译

海洋出版社

2020 年·北京

21 3

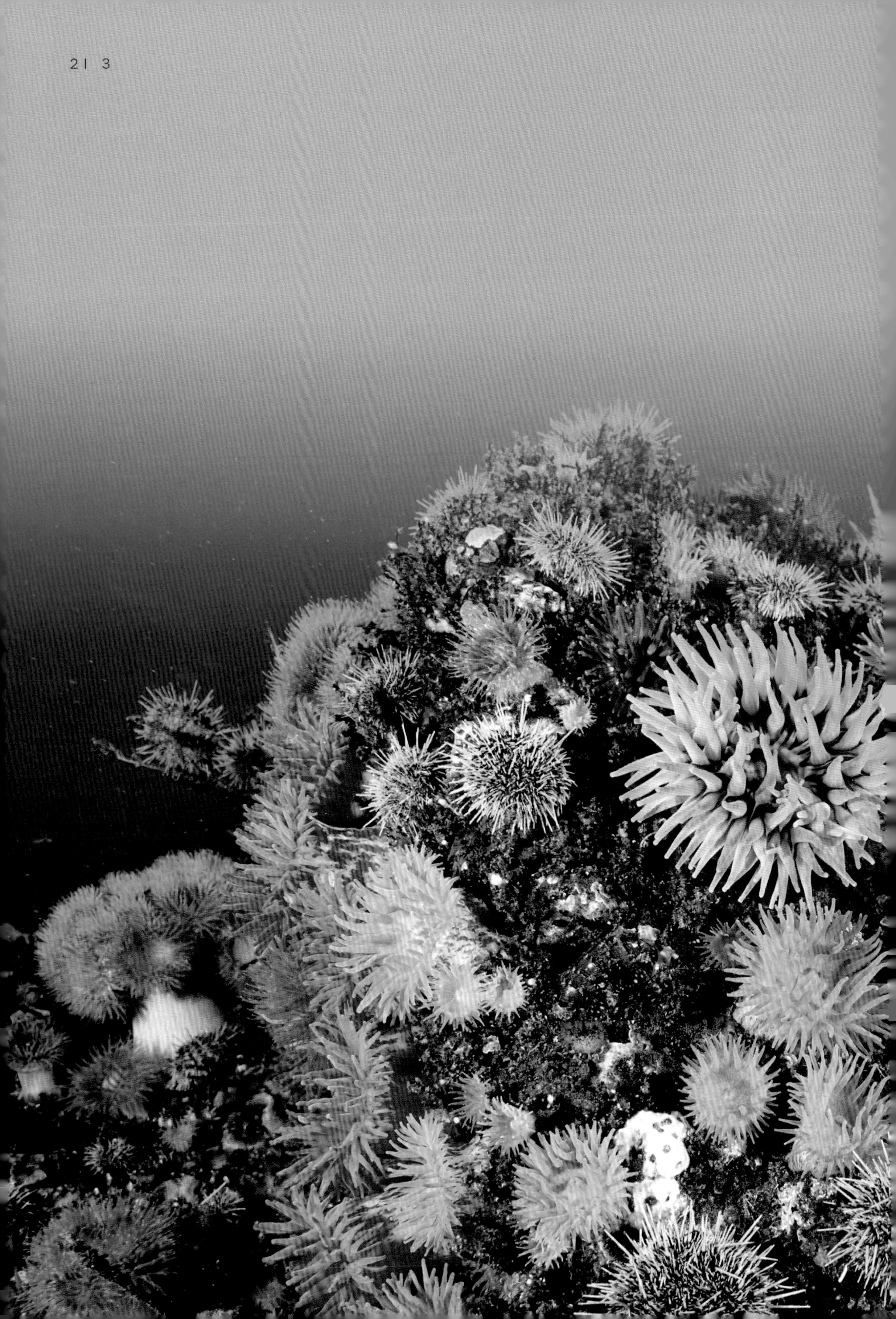

图书在版编目（CIP）数据

北冰洋冷遇记 ／（俄罗斯）亚历山大·谢苗诺夫
（Alexander Semenov）著 ；庄昀筠译. —— 北京 ：海洋
出版社，2019.11
书名原文：Magic world of cold seas
ISBN 978-7-5210-0432-8

Ⅰ. ①北… Ⅱ. ①亚… ②庄… Ⅲ. ①北冰洋－海洋
生物－摄影集 Ⅳ. ①Q178.53－64

中国版本图书馆CIP数据核字(2019)第217536号

Magic world of cold seas
© Paulsen LLC，Moscow，2016
The simplified Chinese translation rights arranged through Rightol Media
（本书中文简体版权经由锐拓传媒取得Email:copyright@rightol.com）

版权合同登记号　图字：01－2019－7493

北冰洋冷遇记

著　　者／（俄罗斯）亚历山大·谢苗诺夫
译　　者／庄昀筠
校　　译／曲　茜
策划编辑／江　波
责任编辑／项　翔　蔡亚林
责任印制／赵麟苏

出　　版／海洋出版社
　　　　　北京市海淀区大慧寺路8号
网　　址／www.oceanpress.com.cn
发　　行／新华书店北京发行所经销
发行电话／010-62132549
邮购电话／010-68038093
印　　刷／北京朝阳印刷厂有限责任公司

版　　次／2020年2月第1版
印　　次／2020年2月第1次印刷
开　　本／787mm×1092mm　　1/16
字　　数／170千字
印　　张／17
书　　号／978-7-5210-0432-8
定　　价／198.00元

敬启读者：如发现本书有印装质量问题，请与发行方联系调换

目 录

致读者朋友

打开这本精彩绝伦的书，你不仅是一位读者，也是一位探险家。你将在一位极地潜水高手的带领下，沉浸在北冰洋真实而震撼的水下世界！本书的作者亚历山大·谢苗诺夫，以优异的成绩毕业于莫斯科国立大学生物科学学院。然而，他没有走一条从博士、博士后到终身教授的常规学术发展道路，他一不小心爱上了神秘的"北国仙子"——白海，并全身心地投入其中。"北国仙子"是如此幸福，向这位好奇的学生敞开心扉，诉说心底最深处的秘密！

正如古罗马谚语所说——"人无完人"，我们有许许多多的错觉。人类最大的错觉之一就是认为我们生活在地球干燥的陆地上，不依赖于海洋。然而，看一眼地图，你会发现，人类的祖先实际上一直紧密围绕着海洋，先是沿海岸而居，后来沿河或沿湖而居。地球表面的 71% 被水覆盖，如一个巨大的水族箱！你知道现在有多少人正在海上？他们在邮轮上、渔船上、游艇上、摩托艇上、浮板上……还有些人正在游泳。数量不能用"千人"，而要用"百万人"来计数。

但敢于潜入水下，而且敢于在水下工作的人却是极少数。我们所熟知的是法国库斯托上尉和他的团队，还有我们的 Pisces 和和平号（Mir）深潜器。现在，你将被勇敢的亚历山大·谢苗诺夫和他精彩的发现所震撼。许多人误认为热带自然界中生物丰富多样，而极其寒冷的北极，特别是在冬天，生物贫瘠、毫无生气。但是，在海洋中情况却恰恰相反。亚北极水域的浮游生物十分丰富，因此一旦鲸在食物匮乏的夏威夷热带水域繁殖后，它们就会游上数千公里来到北极水域，在漫长的断食期之后，饱餐一顿。

正是这片冰冷的海域（由于盐度较高，海水在 -2℃ 也不会结冰）深深吸引着本书的作者，年复一年，满心欢喜地时时造访。对我们而言，可以从本书中分享他的喜悦并欣赏到这些美不胜收，甚至是闻所未闻的北极生物。亚历山大是如何将它们拍得如此美丽？别忘了，他可是个如同"人鱼"一样的潜水高手！

你将从本书中发现许多意想不到的真相。科学家描述每一个研究对象时都充满热爱。书中除了海蝴蝶、海洋天使和藤壶，其余的生物甚至连俗名都没有，只有拉丁文学名，读者大可不必惊讶，因为除了生物学家，大众还未见识过这些神奇的生物。在这本书中，你会真切地感受到水下生命的神秘。作者根据生态系统进行划分，你将会首先看到生活在水体中的生物，然后是固着生活的底栖生物，最后是深海里真正的"斗士"。

由衷地祝愿我们的极地"人鱼"在未来的日子里身体健康，有更多新奇、振奋人心的发现。也祝你们，我亲爱的朋友，在这本书中尽情阅读、快乐探索！

尼古拉·德罗兹多夫
敬上

北方海生态

北方海的生物与极地特殊的环境息息相关。严酷的气候、极夜和被冰覆盖的水面都不利于浮游动植物的生长。因此，这些海域的生物总生产力是相当低的，生物多样性也有限。但与此同时，恶劣的气候条件却使北极海洋环境成为某些动物完美的居所。例如，北极熊、角鲸、海象和白鲸。超过150种鱼类生活在北极和亚北极海域，其中鳕鱼和比目鱼是该区域首要的渔业资源。这里生活着多种多样的海洋动物。

北极水域全年覆冰，使得北方海环境非常特殊。在冬季，只有巴伦支海最东部的水域没有被冰覆盖。沿着海岸线，新的固定冰层形成，与海岸牢固地冻结在一起。这些被称做固定冰，在东西伯利亚海达到最大宽度，约数百公里。在固定冰外侧是冰沟，位于固定冰与浮冰之间。这些冰沟年复一年地在同一个地方形成，根据其附近的地理位置命名，如基斯卡亚（Cheshskaya）、佩克尔斯卡亚（Pechorskaya）、西诺沃扎维多夫斯卡亚（Zapadno-Novozemelskaya）、阿姆德明斯卡亚（Amderminskaya）、然斯卡亚（Yanskaya）、尼西斯卡亚（Ob-Eniseyskaya）和西塞弗洛斯莫斯卡亚（Zapadno-Severozemelskaya）等。在冰沟后坐落着多年生的北极浮冰群。浮冰群由许多块巨大的浮冰组成，浮冰被裂缝或冰间湖分开。多年冰的平均厚度超过2.5~3米。浮冰表面通常是光滑或呈波浪状，

但有时上方会形成冰脊。冰脊是由两块浮冰碰撞的压力而形成的大量不规则隆起，高5~10米。除了海冰，在北方海还会遇到可怕的陆地冰。这些陆地冰都是冰山，由法兰士约瑟夫地群岛、西为新地岛和北地群岛沿岸的冰川断裂形成。

北冰洋在世界大洋环流及大气环流中发挥着关键作用。水团和气团的运动在全球范围内远距离地传输热量、水分和盐。这种运动影响了全球气候系统和生态系统。

大部分流入北冰洋的海水来自挪威流。挪威流沿着挪威西岸向东北方向流动，一部分在斯瓦尔巴群岛附近折向西，沿格陵兰东岸向南，形成东格陵兰流。而另一部分挪威流在斯瓦尔巴群岛折向东，沿俄罗斯沿岸抵达白令海峡，与流经白令海峡的太平洋水、向西流动的加拿大和阿拉斯加沿岸流汇合。随后，这些水团向北流，穿过极地汇入东格陵兰流。

强大的水团和气团不但传输热量和水分，也传输污染物。例如，俄罗斯北极区中的污染物包括湾流输运的来自大西洋的污染物，以及西－东气流输运的来自西欧的污染物。大量的海洋污染物并不是源于海洋，而是源自陆地，其中工业排放是最主要的来源。北冰洋的气候和水文条件促使污染水体的稀释，加剧了有害物质的沉降，后者会在海洋生态系统中保留很长时间。

北极在全球过程中扮演了关键的角色，决定了地球

的气候，而气候与所有生物都息息相关。北极也正是感受全球变化最强烈的地方，例如，北方海的冰层减少。如果在未来全球持续变暖，北极冰盖的融化将在二十二世纪引发全球灾难。在过去 30 年中，北极冰层的厚度仅剩下原先的一半。如果冰层以相同的速率继续融化，到二十一世纪末，北冰洋的夏季海冰将不复存在，而由于冰盖融化，海平面将上升 1 米。一旦海冰融化，格陵兰岛和南极的冰层也会开始融化，到那时海平面将会上升数米。世界上许多大城市将会受到洪水的威胁，例如：伦敦、罗马、巴黎、马德里、华盛顿、纽约、费城、巴尔的摩、旧金山、洛杉矶、瓦尔帕莱索、海参崴、马加丹、堪察加彼得罗巴甫洛夫斯克和圣彼得堡等。亚马尔和沙尔哈德将被完全淹没。西西伯利亚平原将会变成一片汪洋大海。亚速海和黑海将会连成一片，高加索山与俄罗斯之间宽阔的海峡会将它们与里海相连。洪水将会淹没罗斯托夫、阿斯特拉罕、伏尔加格勒和斯塔夫罗波尔区域。克里米亚将会成为一座岛屿。全球洪水泛滥将会导致整个国家毁灭，大量人口迁移，甚至国境线消失。因此，全球变暖导致的冰川融化将会给全人类带来生态灾难和社会灾难，恐怖的世界末日可能会真的上演。但是，地球也可能会有另一番景象。

气候变化预测是基于模型计算，认为人类活动是现代全球变暖的关键成因。随着二十世纪工业的快速发展，各类燃料的使用也日趋增加。燃烧产生的大量二氧化碳被释放到大气中。阳光（可见光）穿过大气层，被地球表面的陆地和海洋吸收。地表受热升温，热量以长波的形式释放回大气。大气中的二氧化碳能够吸收长波，以此保留了地表释放的热能。热量在大气低层积累，热含量及地表空气温度随之升高。这被称做温室效应。

除此之外，与人类活动无关的自然过程也影响着全球气候。在海洋深处发生着不同的波动，由此形成了由海洋向大气的热流，这是年际温度波动的自然成因。我们现在所目睹的气候变化是自然和人类活动联合作用的结果。在二十一世纪初，全球海表温度出现了长时间的降低，因此大气中富余的热量便传递到海洋。因此，大气升温在北半球的大部分区域暂停了，尽管在俄罗斯北极区和格陵兰岛大气升温未停止，但其程度也逐步减弱。这意味着我们能够延缓"温室效应灾难"。

北极的气候变化对北极熊、鹿和鲸等动物的生存构成了威胁，也影响了原住民传统的生活方式和生活来源。北极熊适应了穿梭于海冰中的北方生活。但是，在 2008 年，美国政府将北极熊列入国际自然保护联盟濒危物种红色名录。由于全球变暖导致的北冰洋冰层减少，加拿大和俄罗斯也将北极熊列为濒危动物。在过去 10 年，冰层从陆架区向北缩减了数百千米，有些区域甚至达到 1000 千米。

陆架区是大陆沿岸向海洋延伸的区域，是生物生产力最高的水域，也是北极熊最佳的捕食区。冰盖的减少使北极熊处于极端状态，被迫上岸，或随着海冰向北迁移。但是北极熊无法在开阔大洋中生存，全年覆冰的海洋对于北极熊的生存是必需条件，只有在此条件下，它才能猎捕海豹，并从海冰中获取主要的食物来源。二十世纪的气候变化严重地影响了生物圈和北极系统。

急速变化的北极气候开始影响亚北极区域数十万原住民的生活。在过去的数十年间，他们见证了由于开辟工业和商业航道导致冰盖消退的过程，北冰洋出现了完全没有冰层覆盖的季节。

尽管目前经济形势严峻，俄罗斯采油公司正在积极开发俄罗斯北冰洋陆架区域。仅俄罗斯天然气公司就拥有多个区域的开采权，包括著名的普里拉兹罗姆内（Prirazlomnoye）油田，东北部的海伊索夫斯科（Heysovsk）油田和北部的乌兰格列夫斯基（Vrangelevsky）油田以及正在开发的多尔金斯基（Dolginsk）油田。是什么将商业开发吸引到了这些气候恶劣的区域？

由于过去数十年全球原油的需求和陆源供应的消耗，海洋能源开采成为大势所趋。过去数年中，海洋石油和天然气超过全球总量的 30%。

除了现有的开采手段，从目前的油气开采来看，要满足日益增长的全球经济发展的需要，要从以下三个方面入手才能保证获得足量的矿产资源：难以企及的深海储藏、美国和加拿大不易开采的储藏和北冰洋的资源。

北极含有全世界 20% 的石油储藏。人类的能源供给安全依赖于俄罗斯北极区域巨大的石油矿藏。分析机构报告显示，2020 年原油消耗将比现在增长 10%。能源短缺必将促使新油田的勘探、开采和基础设施建设，以保证新兴工业中心的运转。由于核能和其他能源暂时无法取代矿物能源，对烃能源的强烈需求还将持续许多年。烃能源广泛应用于制造现代材料，对于化工行业尤为重要，是人类现代文明不可或缺的部分。

但是，北极原油和天然气的开采技术应当遵循最高的环保标准。2010 年墨西哥湾的"深水地平线"钻油平台漏油事件是一场可怕的灾难，但如果相同规模的漏油发生在北极，危险程度会是墨西哥湾事件的一百倍。在墨西哥湾事件中，大部分漏油以很快的速度被极为活跃的生物群落"回收"。然而，在北极并没有如此活跃的生物群落。

开发海洋油气储藏的风险之一便是地震。北极震源分布不规则。西北冰洋的俄罗斯水域（喀拉海和巴伦支海）总的来说较为平静。最活跃的地区位于西巴伦支海（挪威），最密集的地震区域位于斯瓦尔巴群岛附近。北冰洋地震频发，要安全开发海洋石油矿藏需要严格控制地震活动，并深入研究不同程度地震的发生规律。

在北方海浅海实施天然气贮藏钻探作业非常危险，例如发生在伯朝拉海和喀拉海的天然气泄漏。水下天然

气的释放破坏了底栖矿藏的完整性，并造成海床凹陷，因此会在北极陆架引发小型地震。一处凹坑的直径可达数十米甚至数百米，深度可达数十米。显然，凹坑的形成严重影响了油气储藏的产量和水下输油管。之前已有多次在凹坑底部发现了沉船。英国地质调查局在南弗雷登（South Fladen）一个最大的凹坑底部发现了一艘沉没的渔船，这个凹坑被称做"女巫之洞"。沉船事件的主要起因是排气或天然气的自然排放导致海水气化（改变密度），继而引发船只沉没。

幸运的是，如今在俄罗斯，人们已经认识到在开发北极陆架时需要极度谨慎。俄罗斯天然气工业股份公司的抗冰海洋平台——普里拉兹罗姆内（Prirazlomnoye）正是杰出的示例。这是目前俄罗斯北极陆架上唯一的钻油平台。该平台的作业严格遵循生态安全和工业安全原则——"零排放"原则，这意味着：钻探和日常工作产生的所有垃圾将会泵入吸收井，或带回陆地上妥善处理。在石油装入油轮的过程中，要同时遵守超过 30 项操作规定。这其中任何一项未能达到，输油便会在 7 秒内自动停止。平台矗立在深约 20 米的海床上，总重约 500 000 吨，是一座真正的人工岛。

"湿法"被用于将石油储存在平台的沉井中，即储油罐中充满了石油或海水，避免爆炸性混合气体的形成。沉井，是一种由俄罗斯工程师开发的结构，壁上是两层 4 厘米厚的钢板，中间是一层 3 米厚的特别坚固的混凝土。所有的钻探作业都在沉井中进行，这使平台对周围环境来说更为安全。沉井非常坚固，能够承受 10 米巨浪（伯朝拉海百年一遇的浪高）和里氏 6 级地震。

北极的自然环境对人类的影响极为敏感，且需要很长的恢复期。同时，自然工业进程推动了北方地区对自然资源的开发。我们没有理由放弃利用丰富的自然资源，停止社会发展和自然工业进程，但是必须严格保证生态安全。

国际社会针对北极开发，正在有意识地开展大量调查，开发北极资源将是全人类的未来。

鲍里斯·舍斯图科夫

地理学博士

俄罗斯国家水文气象信息研究所，实验室主任

照片来自俄罗斯天然气工业股份公司

作者记

我们的世界日新月异：用 3D 打印制作骨骼用于人工移植，制造自动化的外骨骼，在外太空安装了功能强大的摄像头来观察地球，口袋里的智能手机能够取代二十世纪最先进的计算机。我们身边这些美妙之事不胜枚举。我确信：我们的世界之所以美妙到不可思议，归功于那些被我们称做天才的人——科学家、作家、旅行家，也归功于那些热爱本职工作、兢兢业业的普通人。正是他们改变了世界，书写了历史并驱动了社会的进步。也正是他们用自己的想法、发现和对未知的探索之旅激励了数代人。人类梦想遨游太空、有突破性的发明，甚至环球航行。前苏联宇航员加加林是全世界第一个进入太空的地球人，起航前他信心满满地说“我们走！”美国宇航员阿姆斯特朗登月成功时说“这是我的一小步，却是人类的一大步。”这些话让许多人备受鼓舞。一些人着迷于特斯拉的人造闪电和达芬奇的神奇发明，还有一些人，包括我自己，被那些海洋探险故事所深深吸引，比如法国的海洋探险家雅克·伊夫·库斯托的电影以及科幻小说《海底两万里》中尼莫船长驾驶鹦鹉螺号潜水艇遨游深海的惊险奇遇。看完一本好书或者玩一局像《水下奥德赛》这样的探险游戏，我们都会梦到书中或游戏中逼真的场景。全世界成千上万的人可能都和我有类似的经历：因为曾经读过的激动人心的书，曾经看过的有关其他星球的科幻影片，而投身于自然科学研究。在这本书中，我将试着向你们展示另一个迷人的世界—— 一个浩瀚无垠、未经探索且美丽无比的世界。最妙的是，每个人可以沉浸于此，纵身跃入未知的世界，尽情探索。

全球大洋是如此广袤，以至于一代又一代的科学家能不断从中找到新的研究方向。海洋覆盖了地球表面的 71%。众所周知，全球气候和地球生命直接依赖于海洋，但海洋中的大部分生物究竟长什么样，我们却知之甚少！据科学家估计，到目前为止仅有 15%~20% 的海洋生物种类被描述。这意味着约 80% 的生物还有待发现。截止到我写这本书时，已有 230 000 种海洋生物被正式描述并分类，但令人震惊的是仍有一两百万种生物我们还从未见过！当然，这是个非常粗略的估计，目前也无法统计出一个更精确的数字，因为我们对未知物种真的一无所知。唯一的方法是通过分析多年积累的数据，利用其中记录的每年发现的新种数目进行估算。

多年以来，人类一直梦想造访宇宙中的其他星球并遇到外星人。殊不知在我们的眼皮底下，就有一个完全未被探索的世界。这里居住着无比奇幻的生物，能使最优秀的科幻作品中虚构的一切都黯然失色。海洋与外太空十分相似，还真有“外星人”居住于此。这些生物激发了人们的灵感，创作出影视大片和漫画书中的神奇怪兽。即便是致力于海洋生物多样性研究多年的海洋生物学家，当看到远程遥控机器人在深渊中拍摄到的一个又一个奇怪的生物，或是潜水时遇到的新物种，他们也不禁瞠目结舌、啧啧称赞。潜水呼吸器和近年来水下机器人的发明，使得我们在过去的几十年不仅有机会窥探这个"平行宇宙"，而且可以目睹奇妙生物的生活。

我有幸在俄罗斯北部海域潜水并工作，包括白海、鄂霍次克海、北太平洋和日本海。这里冰冷的海水水温有时低于0℃，在潜水员能抵达的深度温度低至−1.5℃。在大多数人眼中，北方海似乎是生物贫瘠的沙漠，只有看似忧伤的鱼在冰冷黑暗的水中游来游去，而所有绚丽多彩且有趣的生物都生活在遥远的热带海域。但是，一旦你潜入刺骨的冷水中，你将意识到：在其他任何地方不可能找到如此丰富的生物多样性和如此鲜艳的色彩。海底的每个砂砾和每平方米皆是成千上万不同生物的家园：这是一片广阔且多彩的海底森林，生活着海葵、海鞘、海绵、苔藓虫和水螅群，不计其数的多毛类、端足类、海蜘蛛和许多穿梭其中的各类生物。在这片森林的上方是黑暗的深海，巨大的深红色霞水母缓缓地游过，无比惊艳的翼足类软体动物——海洋天使优雅地漂浮着，还有捕食者栉水母闪着亮光，就像一道道迷你的彩虹。

寒带陆地及水下的条件都十分恶劣，怯懦之人研究不了冷水动物。漫长的极夜，冰冷的温度，被海冰覆盖的海面，猛烈的海流和常常恶劣的天气条件，所有这些因素导致野外工作只能在一年中很短的几个月进行，且要求通过严格的技术培训和体能训练。所以，时至今日我们在这些区域获得的数据仍非常有限。正因如此，你手中的这本书是必定独一无二的。它是多年的工作和数百次潜水的结晶，书中精美的照片呈现了许多有趣、罕见的生物，以及有关它们生活的精彩故事。我将与我的团队一起，透过我们的眼睛，向你们真实地展现这片冰冷的海域。

亚历山大·谢苗诺夫
（Alexander Semenov）
海洋生物学家，水下摄影师，
莫斯科国立大学白海生物站潜水队队长

第一章

浮游生物

PLANKTON

无尽的水世界——
胶质动物的王国

当你潜入任何一片海，首先映入眼帘的一定是浮游生物。浮游生物是一类生物的统称，它们广泛分布在水中，从最表层的水面到最黑暗的深处。这些生物不能逆流运动，因此，潮汐、海浪、风和升降流驱动的不仅是巨大的水团，也包括水团中大部分的浮游生物。这正是许多种类的浮游生物遍布海洋，随波逐流数千千米的方式。但是，某些浮游生物能够在一天内垂直移动数百甚至数千米，从深海上升到海面上来捕食。

浮游生物是全球海洋生命的基础。生命起源于浮游植物（单细胞光合藻类）丰富的地方。浮游植物是复杂食物链的第一个环节，而人类位于食物链的末端。浮游植物也产生了大量的氧气，由于浮游植物的存在，全球海洋制造的氧气比地球上所有森林制造的总和还多。在北方海，当漫长的极夜过去，太阳重新升起，数量庞大的浮游植物便出现了。在冬季，部分海域被冰覆盖，生物的生命活动变缓甚至几乎处于停滞状态。当春天的第一道阳光穿透厚厚的冰层，一场真正的浮游生物暴发开始了，其数量在五月达到顶峰。浮游植物快速增殖（或称为"暴发"），导致处于食物链下一环节的浮游动物大量出现。浮游动物也同样重要，包括小甲壳动物和营浮游生活的幼体。它们以微小的浮游植物为食，同时自身也是大部分其他浮游生物的食物来源。由于气体在水中的溶解度随着温度的降低而升高，冷水海域的氧饱和度比暖水海域要高得多。因此，氧气和食物充足的条件使得北方海的生物呈暴发式增长。

许多浮游生物十分脆弱且稍纵即逝，即便是极其轻微的触碰都可能结束它们的生命。因此，在实验室内开展研究十分困难，甚至不可能实现。多年来，科学家们利用特殊的网具采集并研究浮游生物。利用这些网，研究人员获得了浓缩的浮游生物样品，像一份浮游生物"浓汤"，并在实验室内分析其成分。浮游生物网是采集浮游生物的主要工具，但事实上只适于采集身体坚实的生物，如甲壳动物。它并不完全适于精细的胶质生物。柔软的胶质生物是海洋生物的重要组成部分，它们通常是透明的，且非常优美。它们一旦被浮游生物网捕捉到，外形严重受损已经是最好的情况。不幸的是，在大多数情况下，它们会变成网壁上一个湿乎乎的小点。我们对许多胶质生物的生活方式知之甚少：它们吃什么，怎么捕食；在什么时间、如何繁殖；在水中观察不到它们时，它们在哪里、以何种形式生存。通常，这些种类会在海面上生活短短数周，便消失得无影无踪。因为我们对胶质生物的生活方式不甚了解，这只是问题的一方面，另一方面，我们对它们的形态也知之甚少。我们不可能完好无损地把这些胶质生物转移到实验室进行观察。许多样品被浮游生物网破坏，根本无法进入研究者的视野，导致我们对它们还是一无所知。因此，潜水并在自然环境中利用现代的摄影及摄像设备研究这些生物，是目前为止了解并描述它们生活方式的最佳途径。当然，这也赋予我们独一无二的机会，捕捉并向世界展示它们无与伦比的美丽和难以置信的生命形式。

水螅虫
Hydroids

浮游生物中有一个十分奇特的类群，能够改变自身生命形式，这便是水螅虫。它们是刺胞动物门中一个独立的纲，称为水螅虫纲。它们的近缘生物包括刺胞动物门中的珊瑚虫纲和若干水母纲。大多数水螅虫的生活史中包括一个水母世代。水母世代的寿命很短，主要作用是促进种群繁殖和远距离扩张。它们个体小且没有逆流游泳能力，海浪可以将它们带到所在海域的最远处。水母幼体最终会附着在海床上，形成水螅体。这些被称为水螅的生物通常个体细小且结构简单。事实上，水螅水母生活史中大部分时间是以小水螅的形式存在，而非水母。它们通常形成水螅群体，看起来就像海底茂密的灌木丛。

水螅虫多样性极高，例如：许多人在高中生物课上学过的单生水螅属水螅（*Hydra*），巨大的像花一样的深海水螅——筒螅（*Tubularia indivisa*，不经历水母世代），剧毒的钩手水母（*Gonionemus vertens*）和发光的维多利亚多管水母（*Aequorea victoria*）。全球大洋中已知的水螅水母约有2 800种！尽管水螅水母的水母阶段仅能持续数小时到数月，水螅群却可以存活相当长的时间。在恶劣的条件下，它可能消失，但条件适宜时，可从螅根上重新生成。螅根是水螅群体的基部，形似一条匍匐、分枝的茎。整个水螅群是一个独立的生物，拥有相同的遗传物质，且能进行无性繁殖；也就是说，群体上每一个单个的水螅（或个虫）都是一个克隆。雌雄异体的水母也能在特殊的水母芽上进行无性繁殖，出芽后便在水中自由漂浮。水螅体能够进行有性生殖并在体外受精，形成最初营浮游生活的幼体——浮浪幼虫。浮浪幼虫固着在海床上，产生出新一代的水螅。

当然，也有一些例外：一种生活在深海的筐水母（*Aeginopsis laurenti*）并不经历水螅阶段，其水母体直接从幼体孵化形成。筐水母亚纲中的另一些种类，幼体早期在成体水母的体腔内发育形成，而群生的喉外肋螅（*Ectopleura larynx*）则完全不经历水母阶段。在水底成簇生活的幼体被称为辐射幼体，长在外肋水母（*Ectopleura*）的个虫上。它们成熟后，会落在海床上，利用它们的小触手移动到附近某处形成新的群体。

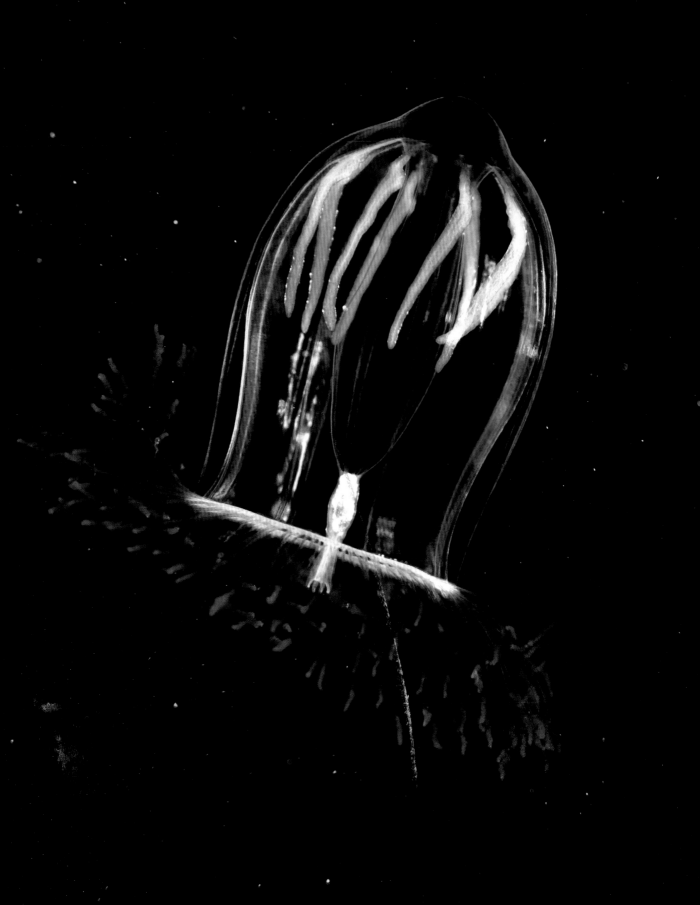

萨氏水母属
Sarsia
管萨氏水母
Sarsia tubulosa

刺胞动物门（Cnidaria）

水螅虫纲（Hydrozoa）

花水母裸螅目（Anthoathecata）

棍螅水母科（Corynidae）

管萨氏水母（*Sarsia tubulosa* M. Sars,1853）

　　管萨氏水母是北冰洋最常见的水螅水母之一。春季和初夏，管萨氏水母在表层及 70 米以浅的水层丰度很高。因其水螅体生活在浅水，由此产生的水母体便常聚集在沿岸水域。管萨氏水母独特的垂管和钟的铃锤十分相似，其垂管的长度可达伞高的 2.5 倍！尽管这种水母的大小很少超过 2 厘米，但它们的四条触手很长，上面清晰可见成簇的刺细胞，用以麻痹其他浮游动物。它们擅长游泳，能够捕捉到小甲壳动物。虽然它们有时能够抓到小糠虾或端足类，但萨水母的口十分狭窄，这类食物很难通过，食物将垂管撑大，可笑的样子就像法国作家安托万·德·圣·埃克苏佩里的作品《小王子》中那只吞食大象的蟒蛇。

　　萨氏水母的幼体通常在三四月出现在浮游生物中，在六月发育成熟，之后与其他具有水螅体阶段的水螅水母类似，在繁殖季结束后消失。如果春季条件不适宜，例如，融冰时间晚或浮游生物饵料不足，水螅体不会生成水母，而是等到秋季再产生新一代的水母。在春季产生的水母，到夏季可能被霞水母捕食。而在秋季产生的水母不会受到任何不利因素的威胁。每年都会有一些水螅体在秋季产生新一代的萨氏水母，遍布在生物稀少的水体中长达一到两个月之久，在冬季到来前吃光水中为数不多的浮游生物。

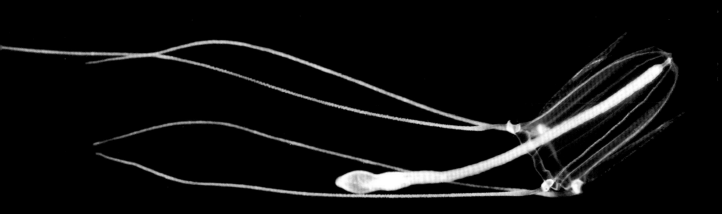
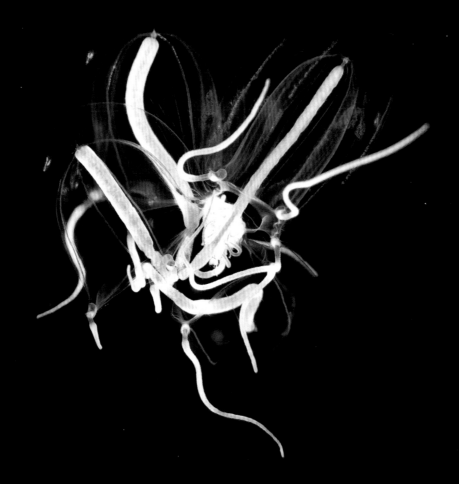

高手水母属
Bougainvillia
盾形高手水母
Bougainvillia superciliaris

刺胞动物门（Cnidaria）
水螅虫纲（Hydrozoa）
花水母裸螅目（Anthoathecata）
高手水母科（Bougainvilliidae）
盾形高手水母（*Bougainvillia superciliaris* L. Agassiz, 1849）

盾形高手水母是一种个体很小的水螅水母，在北冰洋海域几乎随处可见。尽管有记载显示有些个体在 200 米水深处被发现，但它们通常生活在浅水中。成体伞部大小通常不超过 9 毫米，伞部壁薄且透明，与华丽水母（*Aglantha*）的伞部十分相似，因此在水中很难发现它们。在它的伞缘处有四个红色触手基球，每个触手基球上有 7~15 个细小、含有刺细胞的触手。在每条触手的基部，有一个小小的、新月形黑色眼点，能够感知运动并区分光暗。高手水母绝大多数时候静止不动，在水中漂浮，利用向外伸展且有毒的触手捕捉浮游动物。高手水母的刺丝能够瞬间射入猎物：其他生物一旦轻触到高手水母的触手，即被麻痹并捕获。触手收缩将猎物拉近至伞部，水母"机智"地将其紧紧握住。随后猎物便被送至垂管周围的触手内圈。垂管是水母从内伞中央生出来的下垂的柄状结构，下端有"口"。这些触手给猎物最后的致命一击后，将其推送入高手水母小巧的口中。

大部分水螅水母，包括高手水母，生活史中有两个交替出现的阶段：无性的水螅型世代和有性的水母型世代。前者固着生活，形似精美的植物；后者进行有性生殖并扩散种群。值得一提的是营浮游生活的水母阶段只有短短数周，但水螅群却能在礁石、坚硬基质或某些藻类上附着生活数年。在春季，水面仍被冰覆盖时，水螅体以无性出芽生殖的方式产生水母芽。水母芽中"孕育"着雄性和雌性高手水母，"出生"时，小水母从这些水母芽中释放出来开始自由生活，它们摄食、生长并为繁殖期做准备。它们的生殖腺（或称性腺）位于伞部下方垂管正上方。在若干周内，精子和卵子在生殖腺（精巢或卵巢）中形成。受精作用发生在六月中旬，即水温上升至 8~12℃时，受精卵发育成具有纤毛的浮浪幼虫。浮浪幼虫将离开父母伞下温暖的环境，在水中经历一段独立的浮游生活，最终，它们将附着在海底，产生新的水螅体。

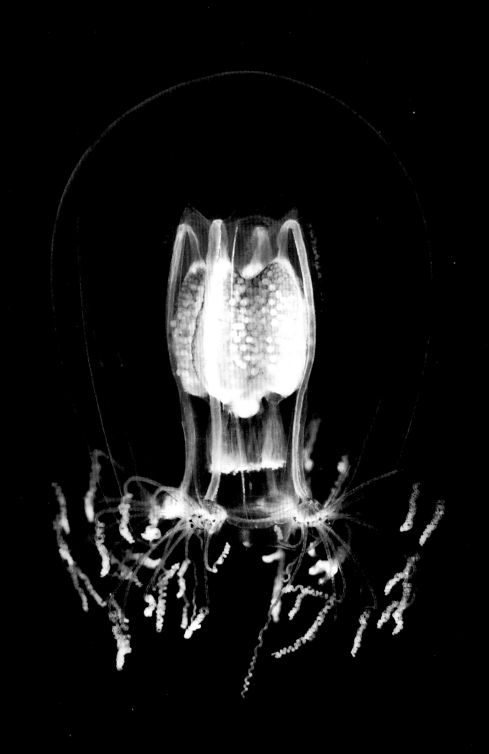

Aeginopsis 属
Aeginopsis laurentii

刺胞动物门（Cnidaria）

水螅虫纲（Hydrozoa）

筐水母目（Narcomedusae）

间囊水母科（Aeginidae）

Aeginopsis laurentii Brandt,1838

　　Aeginopsis 是一类典型的冷水浮游生物。这类小水螅水母伞宽（直径）仅有 15~20 毫米，绝大部分时候生活在极深的水域，有时深达 3 500 米。它们十分适应深海环境，甚至在 -1.88℃ 的低温水域仍能自如生活。不过，它们也时常会升到海水表层。

　　Aeginopsis 是筐水母中一个特殊的类群，与其他水螅水母有诸多不同之处。它的触手并非向下垂，而是穿过了伞部，向上生长。消化系统也与其他种类迥异：*Aeginopsis* 宽而平的胃形成侧向的突出物，称胃囊；也没有将营养物质传输至伞缘的辐射状管道——辐管。*Aeginopsis* 的垂管也很独特，几乎占据了伞下所有的空间。这类水母的摄食偏好还未被充分研究，目前我们只知道它们主要以小的胶质动物及营浮游生活的幼虫为食。*Aeginopsis* 是一种逐步发育的水螅水母，并不经历水螅阶段，且终生都生活在水体中。由于它们生活在深海，身体呈半透明且身长仅有若干厘米，因此观察 *Aeginopsis* 绝非易事！所以我们至今无法确知它的寿命。

　　在 *Aeginopsis* 体内时常能发现极小的寄生性甲壳动物——蛾。由于许多水螅水母仅能存活短短数周，蛾倾向于寄生在更"稳定的家"，因此它们长大后，便转移到栉水母或较大的钵水母体内，如霞水母（*Cyanea*）或海月水母（*Aurelia*）。

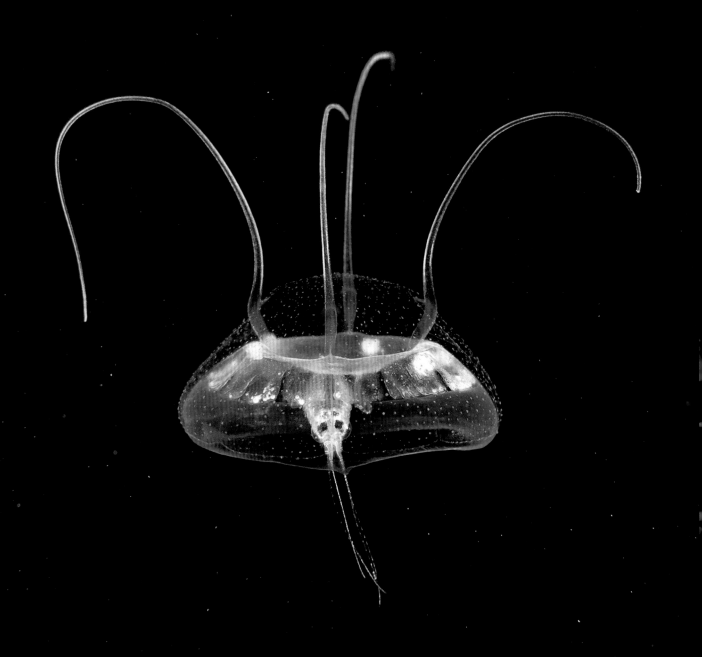

华丽水母属
指腺华丽水母
Aglantha digitale

刺胞动物门（Cnidaria）

水螅虫纲（Hydrozoa）

硬水母目（Trachymedusae）

棍手水母科（Rhopalonematidae）

指腺华丽水母（*Aglantha digitale* O.F. Müller,1776)

　　指腺华丽水母（*Aglantha digitale*）是北冰洋分布最为广泛的水螅水母之一，形态优美。在英文中，它们被称为"粉色头盔"。指腺华丽水母在海水表层和深处均有分布，甚至能在深达 5 000 米的水域发现它们！和大多数水螅水母相似，指腺华丽水母个体小，平均大小约 1.5 厘米，最长约 4 厘米。在水下观察到它们绝非易事：它不仅个体极小，而且伞部完全透明，除非有强光照射，否则几乎不可见。但是，一旦有亮光或一束阳光照射到它，在光的衍射下它看起来就像是彩色的肥皂泡。指腺华丽水母的伞缘有 80 到 100 条细长的红色触手，上面布满了刺细胞，这是所有刺胞动物的主要武器。指腺华丽水母在水中随波漂流，并不自主运动，它将触手向各个方向伸展，耐心地等待猎物出现。一旦有笨拙的小甲壳动物触摸它的触手，便会被杀死或被麻痹。指腺华丽水母其主要食物来源是小型浮游动物，但也以浮游植物及其他微型生物为食。

　　指腺华丽水母在冬季繁殖，因此在春季会大量出现在浮游生物中，有时密度可以达到每立方米 400 只。雄性和雌性外形不同：雄性呈白色且总体来说并不显眼，而雌性则色彩绚丽。雌雄水母均有 8 个腊肠状生殖腺垂在伞中。水母成熟后便将生殖腺产生的卵子和精子散布到水中。受精卵孵化生成营浮游生活的幼虫——浮浪幼虫，然而它并不固着到海床上，而是发育为自由游动的辐射幼虫。辐射幼虫已经具有布满刺细胞的触手，随后将发育为水母成体。因此，指腺华丽水母与大部分水螅水母不同，它的生活史中没有一个固着在海床上的水螅阶段，而是终生营浮游生活。它们的平均寿命约为一年。

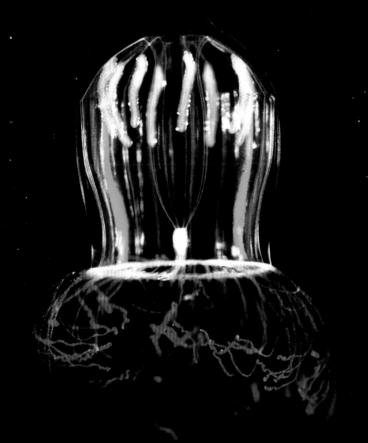

海圆水母属
Halitholus
Halitholus yoldiaearcticae

刺胞动物门（Cnidaria）

水螅虫纲（Hydrozoa）

花水母裸螅目（Anthoathecata）

面具水母科（Pandeidae）

（*Halitholus yoldiaearcticae* Birula, 1897）

　　海圆水母（*Halitholus yoldiaearcticae*）之前被称为 *Perigonimus yoldia-arcticae*。一百多年前，研究人员描述了它的水螅体，但是它的水母阶段长期以来一直是个谜。它的水螅体固着在双壳类软体动物北极云母蛤（*Yoldia arctica*）的壳上，其种名也是由此而来。通常，这种海圆水母属的水螅体固着在云母蛤的壳边缘，壳边缘覆盖着云母蛤的水管。云母蛤是滤食动物，以海水中悬浮的有机物颗粒为食。进食时，海水不断从入水管流入外套腔，并由出水管排出。由此产生细微的水流可帮助其水螅体收集它的食物。

　　研究人员用了很长时间才发现了这种海圆水母的水母体。其个体小，伞分上下两部分，有许多长触手（多达 120 条）。我们对其水螅体和水母体的关系，以及它的整个生活史都知之甚少，甚至还不完全清楚这种长在云母蛤上的水螅体是否就是海圆水母的前身。尽管如此，我们经常能在白海和喀拉海的浅水水域，斯匹次卑尔根岛沿岸和白令海的部分水域发现它的身影。

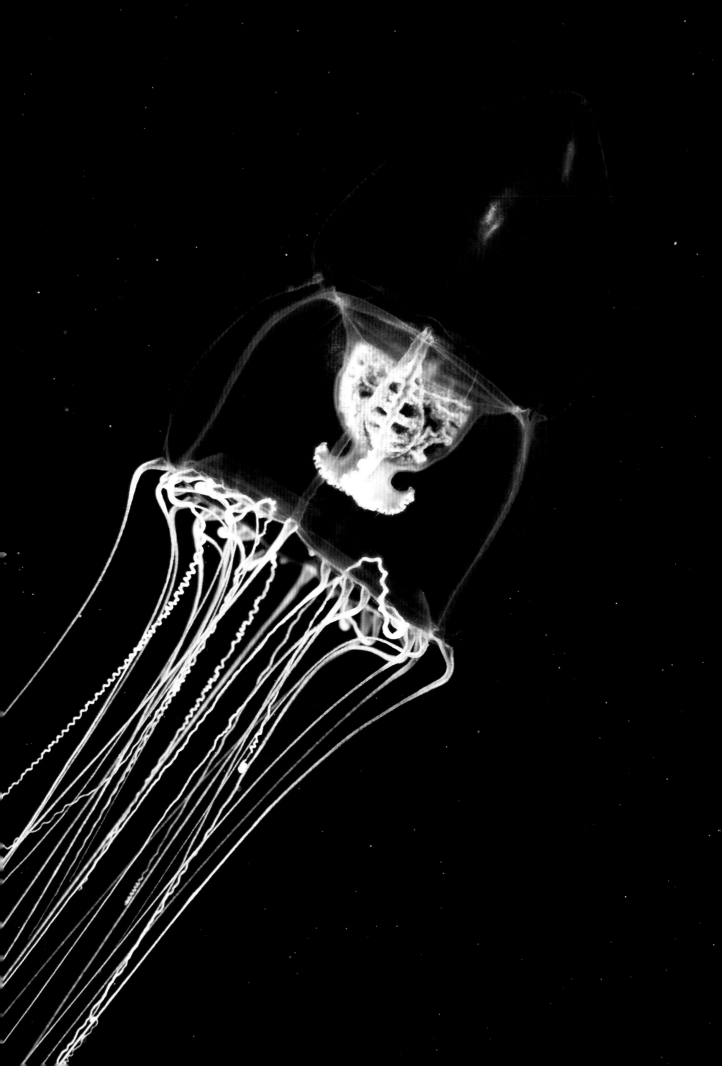

海神水母属
Melicertum
八棱海神水母
Melicertum octocostatum

刺胞动物门（Cnidaria）

水螅虫纲（Hydrozoa）

软水母被螅目（Leptothecata）

海神水母科（Melicertidae）

八棱海神水母（*Melicertum octocostatum*
M. Sars, 1835）

　　八棱海神水母是另一种广泛分布于冷水水域的水螅水母。尽管它们通常生活在沿海的小水湾或海湾中，但在北太平洋和北大西洋海域最深达 1 000 米处均有分布。其水母个体小，不超过 14 毫米。与其他一些水螅水母类似，八棱海神水母的发育经历无性出芽生殖，从底栖生活的水螅群上产生水母芽，水母芽成熟后便脱离水螅群，成为水母体，以此繁育扩散种群。水母体伞内有 8 条宽辐管，沿着辐管有 8 条亮黄色或亮橙色的生殖腺，因此极易辨认。八棱海神水母利用许多（多达 88 条）触手猎捕微小的甲壳类、多毛类幼虫和稚鱼。

强壮水母属
Eutonina
印度强壮水母
Eutonina indicans

刺胞动物门（Cnidaria）

水螅虫纲（Hydrozoa）

软水母被螅目（Leptothecata）

和平水母科（Eirenidae）

印度强壮水母（*Eutonina indicans* Romanes, 1876）

　　印度强壮水母伞宽仅 2~3 厘米，伞透明且不含色素，虽看似不起眼，但在浮游生物中可达到相当高的丰度。印度强壮水母生活在 550 米以浅的水域，能够垂直移动至表层。它们常见于浅水、被阳光照射温暖的海湾，在此形成巨大的季节性群体，是霞水母（*Cyanea*）十分喜爱的食物。强壮水母利用 200 条细小的触手猎食浮游幼虫、甲壳类和有尾类，有时甚至会捕食比自身小的水螅水母。强壮水母极易识别，其有一个典型特征：4 条辐管上有螺旋波浪状的生殖腺，辐管从胃延伸至伞缘。幼虫在这些生殖腺中发育生成浮浪幼虫，继而产生底栖生活的新水螅群体。

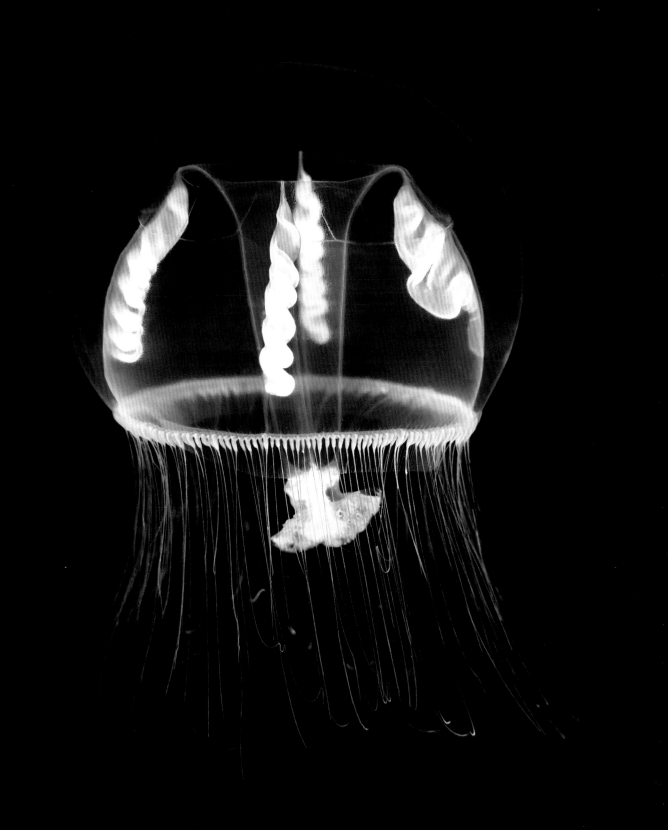

多管水母属
Aequorea
多管水母
Aequorea sp.

刺胞动物门（Cnidaria）

水螅虫纲（Hydrozoa）

软水母被螅目（Leptothecata）

多管水母科（Aequoreidae）

多管水母（*Aequorea* sp.）

　　多管水母是科学界已知的水母之中最神奇的种类之一。多管水母能够发光，在黑暗中，伞缘会闪烁明亮的蓝绿光。1961 年，研究人员开始对多管水母发光机制进行研究，发现了一种能发出蓝光的新型蛋白质，并将其命名为多管水母素。此外，科学家们又发现了第二种蛋白——绿色荧光蛋白，在蓝光的照射下能发出亮绿色的光。也就是说，发蓝光的多管水母素激发了绿色荧光蛋白，提高了水母的发光强度。后来，科学家们发现编码绿色荧光蛋白的基因能够插入任何活细胞中，成为一个发光标记，来追踪各类基因的功能。例如，科学家们利用该技术培育出发光小鼠，用发光蛋白标记鱼类的神经系统。绿色荧光蛋白的发现推动了细胞生物学和分子生物学革命性的发展，使许多科学问题的解答、遗传疾病的检测和现代研究的兴起成为可能。如今，绿色荧光蛋白和它的衍生物被广泛应用于科学研究中。最先发现绿色荧光蛋白并研究其特性的三位科学家——下村修、马丁·沙尔菲和钱永健获得了 2008 年诺贝尔化学奖。

　　然而，水母为何需要这种特殊的光仍是个未解之谜。有一种理论认为，多管水母利用这种光吓跑捕食者；而另一种理论则认为，以浮游生物为食的多管水母利用这种光吸引好奇的浮游生物，使其"自投罗网"。有趣的是，多管水母比许多其他水螅水母个头大许多，在鄂霍次克海，有些多管水母的伞宽能达到 30 厘米！

钩手水母属
Gonionemus
钩手水母
Gonionemus vertens

刺胞动物门（Cnidaria）
水螅虫纲（Hydrozoa）
淡水水母目（Limnomedusae）
花笠水母科（Olindiidae）
钩手水母（*Gonionemus vertens* A. Agassiz, 1862）

　　钩手水母个体小且有毒，主要生活在俄罗斯远东海，也见于其他许多地方。钩手水母的拉丁文名得名于其生殖腺的特殊形态：色泽鲜亮的生殖腺沿着辐管呈"十"字形，透过透明的伞帽可见其闪闪发光。伞缘有 60~80 条触手，上面布满了含有致命毒素的刺细胞。碰到这种水母是十分危险的，即便人类也不例外。它的毒素能引起急性疼痛并削弱肌肉力量，包括膈肌，可能引起下背部和四肢疼痛，神志不清和幻觉，以及短暂的失聪和失明。反复接触毒素会导致更严重的后果，甚至死亡。钩手水母生活在水深不超过 10 米的浅水水域，常附着在位于 2~3 米水深的大叶藻（*Zostera*）上。在某些季节，它们可能对游泳者造成严重的威胁！更糟的是，钩手水母的每一条触手上都有一个特殊的吸盘，它们利用这些吸盘将自身附着在海藻上。由于钩手水母个体小，仅有 2~3 厘米，使用"伏击"策略使人们难以发现它们，因此是一种极度危险的生物，在潜水前必须多加小心。

钵水母

Scyphomedusae

钵水母是刺胞动物中最常见的代表生物。任何去过海边的人或许对这类水母都有所了解。你可能看不见个体小且寿命短的水螅水母，但是你无需在水中仔细观察就能注意到钵水母，因为它们个体较大，有时甚至巨大。风暴期间，海浪将许多钵水母冲到岸上，潮汐会将它们再次带回到海中。尽管大多数人知道水母，但对它们的习性知之甚少，因为我们仅在水肺潜水时或利用远程遥控的水下航行器观察它们。

钵水母是美丽且优雅的生物，但是千万别被它的外表蒙蔽了！几乎所有的钵水母都会蜇人，能在皮肤上留下疼痛的蜇痕。这便是它们攻击和防御的方式，武器就是无数细小的刺细胞，遍布触手、口腕，甚至是伞帽。每一个刺细胞的结构都非常复杂，由一个含有毒素的刺丝囊和囊中卷曲、中空的刺丝管组成。刺细胞顶部向外伸出一个细小的刚毛，称为刺针，是刺丝囊释放的触发器。当猎物或敌人触碰到刺针时，整个系统如机械被启动：刺丝囊"发射"，刺丝管瞬间射出，刺入猎物的身体，刺细胞中的毒素立即注射到其体内。神经毒素作用速度极快，能立即麻痹生物，使得看似行动迟缓的钵水母能够猎捕大型、强壮的动物。多型刺丝囊的发射是自然界中速度最快的生物过程之一：刺丝管能在微秒内射入目标生物，刺丝囊能以高达 5 410 000g 的加速度运动！尽管刺丝管极细，只有通过显微镜才能看到，但其发射产生的力量足以穿透最坚硬的鱼鳞，甚至是人的指甲。

钵水母个体大小范围广，从 12 毫米的迷你型钵水母，到触手长达 36.5 米（约 12 层楼高）的巨型钵水母！但不论个体大小，钵水母的结构却很简单：它们没有头、鳃、发达的神经系统和消化系统。口是水母身体唯一开口的地方，既被用来进食也被用来排出废物。有些水母甚至从口释放成熟的生殖细胞。辐管从胃部伸出，沿着伞内表面延展，将营养物质输送到肌肉、触手和感觉器官。感觉器官位于钵水母伞缘的缺刻处，称为平衡棒。平衡棒是特殊的棒状触手，包含平衡石和细小的感光眼点。根据不同的种类，眼点可以是简单的色素点，或是复杂的屈光系统，由晶状体、玻璃体、视网膜和虹膜组成。一些种类的眼非常发达，与脊椎动物的眼十分相似，因此毫无疑问，这些水母能够清晰地看到周围环境。

钵水母的平衡器官结构简单。平衡棒包括一个或多个平衡石，平衡石与感应位置变化的纤毛相连。水母改

变位置时，重力改变平衡石的位置，平衡石对感应纤毛的压力也相应改变。感受器立即将这一信号传输至控制肌肉和运动的神经中枢。这些感受器对声波震动也十分敏感，因此水母能够感应到水面的任何扰动，在风暴来临前潜入深水以躲避巨浪。

仅有部分种类的钵水母的繁殖及发育方式已被深入研究，而其他种类的生活史仅有部分研究或至今仍是个谜。人们普遍认为不同种类的钵水母生活方式十分相似。我们对钵水母的认识大部分来源于最常见和研究最充分的一些种类，例如海月水母（*Aurelia aurita*）。它的生活史由两部分组成：底栖生活的水螅体和自由生活的水母体。钵水母与大部分水螅水母不同，其水母体阶段占据生活史中较长的时间。钵水母是雌雄异体，但是在生殖腺产生生殖细胞前几乎很难区分性别。生殖细胞一旦成熟，雄性将精子通过口释放到周围的水体中，开始寻找同一种类的雌性水母。一旦找到，精子将通过雌性的口部进入其体内与卵子发生受精作用。受精作用在刺胞动物中是很普遍的。一段时间后，受精卵便在雌性口腕处的孵化室中发育形成浮浪幼虫。在这个阶段，雌性很容易被识别。浮浪幼虫离开母体，于水中浮游生活一段时间后，沉入海底。与水螅水母的群生水螅体不同，钵水母的浮浪幼虫在海床上找到隐蔽的缝隙或石头形成细小的单生水螅状幼虫，称为钵口幼虫。

钵口幼虫能够独立摄食，生长发育成熟后，能出芽形成新的钵口幼虫。如果条件适宜，它们能在极地的冬季轻松存活下来，甚至存活数年。在某一阶段，芽体形似水螅状幼虫顶端的一叠盘子，这一过程被称为横裂。每个"盘子"，即横裂体，之后将发育为一只水母。一只钵口幼虫一生能出芽形成许多水母，根据其大小，数量从若干个到几十个不等。横裂发生后，钵口幼虫通常继续生活，直至来年横裂再次开始。

从钵口幼虫上出芽生成的水母体被称为蝶状幼体。蝶状幼体能自由生活，外形与成体迥异，其个体小，直径仅有 2~3 毫米，肉眼不可见。但是，它们能独立摄食微型浮游生物，因为它们未发育成熟的触手已经是强壮的捕食工具，且触手的大小和数量每天都在增加。蝶状幼体的伞部由口腕和口腕之间的平衡棒组成。水母生长速度极快。在 3~4 个月的时间内，它们可以从 2 毫米的蝶状幼体长到数米长的巨型"怪兽"，身体大到可以遮蔽阳光。繁殖后，水母即在数周后死亡，然后完全从浮游生物群落中消失。

钵水母通常独立生活，但是在某些季节，成千上万的个体会集结成群，占据一大片水体。大量的水母会对渔船和大型船只造成严重的影响，因为它们可能阻塞船只的冷却系统。当风暴将这些水母刮到岸边，还可能对人类造成威胁，因为刺细胞在水母死后的一段时间内仍保持活跃。海滩上成堆的水母在数天后便开始发出恶臭，应尽快清除。但是，在一些亚洲国家，钵水母是一道美食，可加入沙拉、可油炸，也可成为一道独立的菜肴。

海月水母属
Aurelia
海月水母
Aurelia aurita

刺胞动物门（Cnidaria）
钵水母纲（Scyphozoa）
旗口水母目（Semaeostomeae）
洋须水母科（Ulmaridae）
海月水母（*Aurelia aurita* Linnaeus, 1758）

  海月水母（*Aurelia aurita*）是全球海洋广布种，在温暖的红海海域和北极冰帽下水温零下的水域均能发现它的身影。这种海月水母很容易识别，四个色彩明亮的马蹄形生殖腺，透过伞部闪着光。成体的盘径通常为 30~40cm，最大可超过 1m，宛如一个巨型盘子。它们通常在浅水水域优雅地漂浮着，缓缓地收缩它的伞部，使水从下伞腔中喷出而使身体向上运动。它们利用长长的触手捕食小型浮游动物，包括甲壳类、无脊椎动物和仔鱼。触手上布满了成排的刺细胞，以此麻痹捕获的猎物，随后海月水母将猎物转移至 4 条口腕处，口腕再将猎物推向位于中央的口。猎物被消化后，营养物质通过辐管向全身输送，未消化的废物则从口排出。

  海月水母优美纤细的触手看起来像成串的珍珠且对人类完全无害。它们的刺细胞只能刺入人类皮肤特别娇嫩的位置，因此并不能真正蛰人。但是，看似无害的海月水母，当其种群暴发式增殖时，也会对人类产生严重后果。大量的水母聚集占据空间可达数立方千米，甚至超过一些欧洲国家的国土面积。然而，成群的水母并非主要问题所在，最大的危害是它们吃光周围大片水域中的有机物，使其他海洋生物无物可食，被迫迁移或饿死。甚至鱼类也会离开这些海域，使得海洋哺乳动物、鸟类和人类失去了重要的食物来源。由于浮游动物消失，微藻大量增殖，遮蔽了阳光，导致珊瑚礁及底栖藻类不可逆地死亡。因此，水母暴发对当地生态系统和食物链均会造成严重影响，若想修复可能需要数年甚至几十年。

海月水母属
Aurelia

Aurelia limbata

刺胞动物门（Cnidaria）
钵水母纲（Scyphozoa）
旗口水母目（Semaeostomeae）
洋须水母科（Ulmaridae）
Aurelia limbata Brandt, 1835

　　Aurelia limbata 是海月水母属的另一个种类，生活在太平洋北部。尽管它的生活方式与常见的全球广布种海月水母 *A. aurita*（见 40 页）相似，但二者形态迥异。*A. limbata* 具有明显的形态特征：伞部厚厚的胶质层和深棕色的伞缘。这个种类因此而得名，"limbata"意为有异色边的。它们分布在全水柱中，从最表层到 1 000 米的深水区，既能生活在 30℃的暖水水域，又能生活在水温零下的冷水水域。有时，成千上万，甚至数百万只 *A. limbata* 形成巨大的群体，吃光周围水体中所有的有机物，以压倒性的优势给鱼群造成巨大的竞争压力。水体中有大量水母时，它们为了避免互相伤害，几乎保持静止不动，伸展着触手和宽大的口腕，漂浮在水中。它们以浮游动物为食：甲壳类、鱼卵、稚鱼、其他小水母和各类幼虫；而其自身也是巨大的霞水母的食物。那些未被霞水母捕食的海月水母则能存活数月。在这段短暂的时间内，它们能长成直径达半米的巨大个体。这些海月水母游泳速度惊人，比许多其他水母都快，有时戴着脚蹼的潜水员都很难捉住它们。事实上，与其他水母不同，海月水母游泳有特殊的技巧：它们的伞伸展开时会在周围制造出特殊的小漩涡，使其在再次推进的时候更容易运动。这一与众不同的运动方式是数百万年进化的结果，受此启发，科学家们通过观察和研究，开发了全新的潜水艇引擎，并研制了在人类血管中穿梭的微型医用机器人。

金黄水母属
Chrysaora

金黄水母
Chrysaora sp.

刺胞动物门（Cnidaria）

钵水母纲（Scyphozoa）

旗口水母目（Semaeostomeae）

游水母科（Pelagiidae）

金黄水母（*Chrysaora* sp.）

金黄水母又名刺水母、海荨麻。长长的彩色触手上布满了强力的刺细胞，如果不慎被蛰，皮肤上会留下深刻的蛰痕，这个特征令人生厌，它也正是由此得名。金黄水母种类繁多，几乎遍布全球各个海域的各个深度。它们在水柱中游动十分活跃，通常集结成巨大的群体，能在一天之内垂直移动 1 千米。金黄水母成体大小在 8~12 厘米，最大可达数米。个体大小不同的金黄水母捕食不同的猎物，从微小的甲壳动物和幼虫，到大型鱼类和其他水母。一些冷水金黄水母还未经科学家描述，它们的生活习性仍是个谜。

霞水母属
Cyanea
发状霞水母
Cyanea capillata

刺胞动物门（Cnidaria）

钵水母纲（Scyphozoa）

旗口水母目（Semaeostomeae）

霞水母科（Cyaneidae）

发状霞水母（*Cyanea capillata* Linnaeus, 1758）

　　发状霞水母又名狮鬃水母，是英国侦探小说家阿瑟·柯南·道尔笔下的主角之一，着实是一种传奇的生物。发状霞水母是海洋中最大的水母，伞径达 2 米，触手伸展开可超过 36 米！触手可收缩呈短、厚的香肠状，伸展至全长时变得无比薄而透明。捕食时，它收缩伞部使自身保持在水中某一位置，安静地悬浮着，将触手向四周完全伸展以捕捉猎物。当一只发状霞水母收缩触手，另一只即开始伸展，数十只甚至数百只霞水母能够在水中几米或几十米空间内穿插形成密布的猎网。它们的触手上密布刺细胞，能够向任何触碰到它们的猎物射出有毒的刺丝。毒液能够杀死小型生物，并对大型生物造成严重伤害。令人惊奇的是，这种巨型水母的主要食物来源是其他钵水母。胶质生物组成了它食物的 70%，而剩余的 30% 包括小型浮游甲壳类、稚鱼和各类幼虫。当浮游生物中有大量其他水母时，发状霞水母会用巨大的猎网将它们捕获。随后，收缩触手，将猎物拉向口腕。口腕看起来像柔软而有弹性的布，逐渐覆盖猎物，直至完全包裹，消化也能在口中完成。发状霞水母甚至能吞下比自身稍大的水母。

　　发状霞水母的生殖腺呈折叠状，垂在伞部下方，能产生大量配子。当摄入的营养无法满足繁育后代的能量需求时，它将通过消化触手并显著减小体型从自身获取营养。在繁殖季后期，由于失去了巨大的、像狮鬃一样的触手，发状霞水母看起来就像漂浮着的外星花朵。

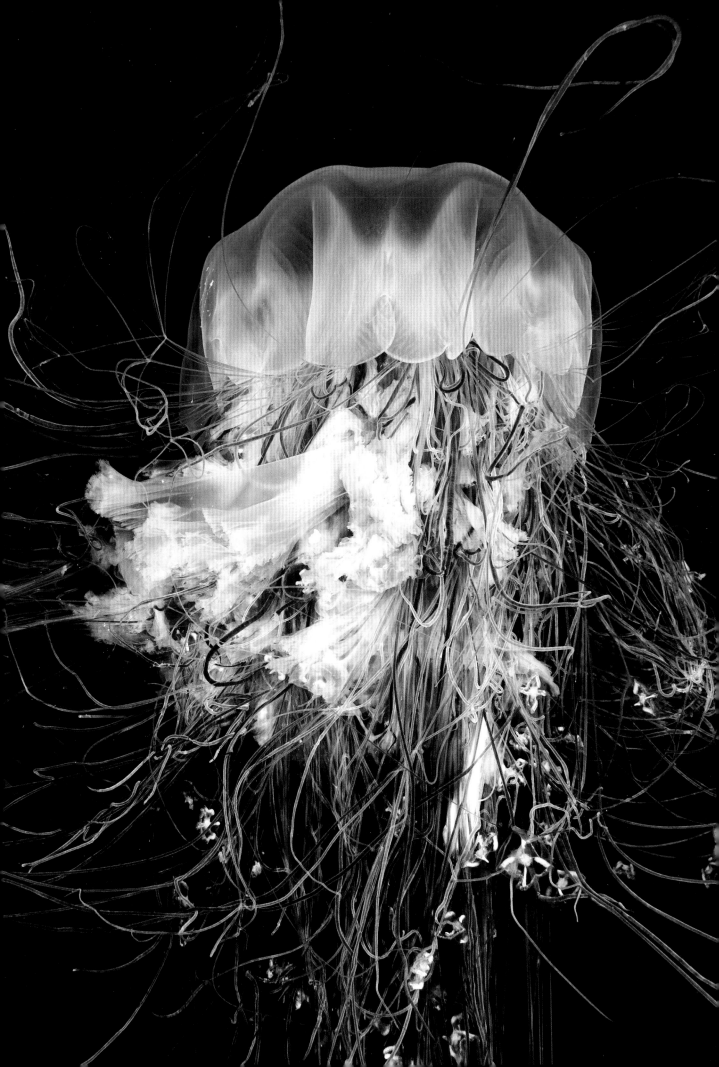

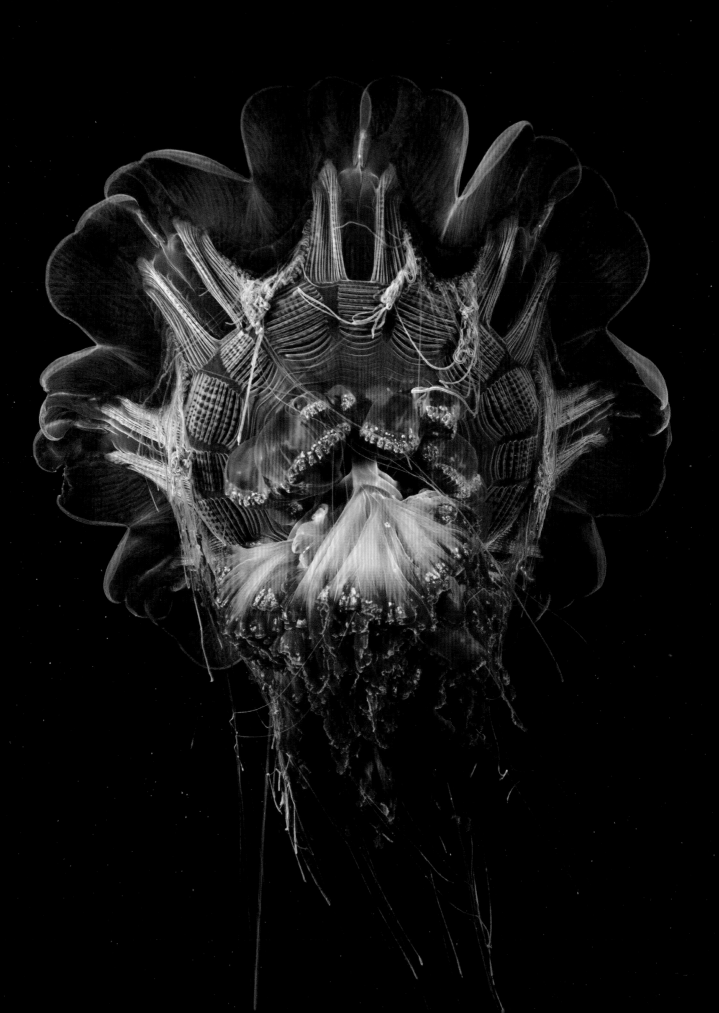

*Phacellophora*属
Phacellophora camtschatica

刺胞动物门（Cnidaria）

钵水母纲（Scyphozoa）

旗口水母目（Semaeostomeae）

洋须水母科（Ulmaridae）

Phacellophora camtschatica（Brandt, 1835）

　　Phacellophora camtschatica 是一种与众不同的钵水母，生活在远东的冷水海域，与堪察加半岛有着极其密切的关系，也正是因此而得名。这种水母在发育的过程中着实经历了奇迹般的转变：曾经美丽、优雅、像幽灵一样的生物膨胀成为巨大、像煎蛋一样的水母，因此，又被称为煎蛋水母。透过它透明的伞能看到亮黄色的胃闪闪发光，"蛋黄"的颜色很大程度上取决于它吃了什么。一切黏附到触手上的生物都可以成为其食物，大多是其他钵水母、栉水母、纽鳃樽和其他胶质生物。煎蛋水母刺细胞中的毒素毒性很弱，但它们的触手善于附着到其他物体上。如果你被它的触手突然黏上，将它剥离即可，它完全不会蜇伤你。小甲壳动物时常附着在煎蛋水母上，从它的触手和口中直接"偷走"食物！某些鱼甚至能安然无恙地悠游并终生生活于煎蛋水母四处伸展的触手之间。

　　煎蛋水母体型较大，伞径超过 1 米，蓬乱浓密的触手可延伸至近 6 米。尽管如此，它仍相当柔弱，几乎无法抵御海流。大多数时候，它们独自漂流，从水面上清晰可见明亮的"蛋黄"。但当它们在某个区域大量聚集时，会吃掉遇到的所有东西。这些水母的胃口极好，自身也是许多动物的重要食物来源，如鱼类、鸟类和各种寄生性小型甲壳动物，均能摄食煎蛋水母的中胶层。因此，煎蛋水母在食物链中十分重要，尤其是考虑到它的广泛分布，重要性更为凸显。令人惊讶的是，这种以地理位置命名、看似地域性强的水母，实则分布广泛，在远离堪察加半岛的水域也有分布，例如智利和北大西洋。这清晰佐证了洋流如何流动，以及浮游生物能被它们带到多远的地方。

栉水母
Ctenophores

栉板动物，又称栉水母，是浮游动物中的一大类群，在分类学上是一个独立的动物门。除了极个别例外，所有栉水母都是胶质浮游生物。所有的栉水母都有一个共同的特点：具有 8 条纵列于体表的栉带。栉带由十几或几十排栉板组成，栉板是许多纤毛细胞联结组成的横板，形似睫毛。纤毛以优美、同步的节律摆动，沿着栉水母的身体形成细微的波浪，并推动身体前进。栉水母是依靠纤毛运动的动物中体型最大的。有些栉水母，如被称做"维纳斯飘带"的带水母（Cestum veneris）可长达 3 米，但是栉水母的平均大小很少超过 8~10 厘米。

所有的栉水母都是肉食性的，以各种形态和大小的浮游动物为食，还包括浮游幼虫、小型钵水母，甚至是其他栉水母。通常，不同种类的栉水母摄食方式完全不同：有的有巨大的口，口中有具纤毛的齿；有的有黏性触手；还有的有像勺子一样的口腕，便于将猎物拉入口中。大量的栉水母早春在冷水海域出现，在食物链及整个生态系统中发挥重要作用。它们过去曾经几乎吃光霞水母（Cyanea）和海月水母（Aurelia）的整个种群，吃光海域中所有的钵水母及其幼体，这必然严重破坏了本就脆弱的浮游生态系统的平衡。又如另一个例子，

俗称为"海胡桃"的瓣水母（Mnemiopsis leidyi）被压舱水携带至黑海和亚速海的某些水域，它们天性好胜且食欲旺盛，几乎吃光了周围的浮游生物，导致当地其他动物无物可食，饥饿至死。鱼类也由于食物匮乏而消失了。这不仅对黑海和亚速海的生态系统来说是巨大的灾难，也给当地的居民造成了巨大的损失，因为渔业是他们最主要的生计来源。后来，为应对入侵的淡海栉水母，特地从北美引进了它的天敌卵形瓜水母（Beroe ovata）。瓜水母也是一种栉水母，通过捕食控制了瓣水母的数量，黑海生态系统才开始逐步恢复。瓣水母对生态系统造成了严重破坏，浮游动物种群恢复至原先的水平需要数年时间。

栉水母被认为是非常古老的生物，但它们的分类地位在学术界仍存巨大争议。由于栉水母身体是由软组织组成，很难留下化石记录。科学家们找到了一些看似栉水母的化石印记，有可能是栉水母祖先。但是除了具有一定的整体相似度外，其解剖结构和现代栉水母大为不同。认识栉水母的进化地位能帮助我们解答许多有关多细胞生物起源的问题。近来，分子鉴定结果显示栉水母是第一个从共同祖先中分化出来的类群，甚至早于形态上更为原始的海绵。

瓜水母属
Beroe
瓜水母
Beroe cucumis

栉水母动物门（Ctenophora）
无触手纲（Nuda）
瓜水母目（Beroida）
瓜水母科（Beroidae）
瓜水母（*Beroe cucumis* Fabricius, 1780）

　　瓜水母（*Beroe cucumis*）是北方海最常见的栉水母之一，在1 000米以浅的水域随处可见。尽管它个体较大，能达到16厘米，却可能是结构最简单的栉水母之一。它的身体没有触手或其他外部突出物，因此看起来就像一个在水中穿梭遨游的迷你飞艇。尽管结构简单，但身形和长栉板使其能快速移动并抓到猎物。这种瓜水母以其他栉水母为食，主要是蛾水母（*Bolinopsis*）。它的口不同寻常，张开时的宽度能超过它身体的宽度！口的边缘排列着坚硬的纤毛，作用与牙齿相同，在英文中被称为"macrocilia"，意为巨大的纤毛。瓜水母利用这些纤毛抓住猎物，甚至能从个头更大的栉水母身上咬下几块。大多数时候，瓜水母游泳时口是关闭的，一旦感知到周围有猎物，它会立即张开口向猎物进发。猎捕较小的栉水母时，它将猎物裹在口中，就像装在一个塑料袋里。瓜水母能捕食体型较大的栉水母，甚至比自身体型还大的也不在话下！这对它来说不成问题，它用口抓住猎物，将如牙齿般的纤毛刺入猎物，并立即吸食猎物柔软的组织。它的身体随即膨胀，就像铁匠的风箱，形成向内的吸力，使其明显增大，看起来像一个怪异的梨。当浮游生物中仅有少量其他种类的栉水母时，瓜水母捕食就不那么容易了，但是在不进食的状态下它依旧能生活很长一段时间。

瓜水母属
Beroe

Beroe abyssicola

栉水母动物门（Ctenophora）

无触手纲（Nuda）

瓜水母目（Beroida）

瓜水母科（Beroidae）

Beroe abyssicola Mortensen, 1927

　　北方海还生活着另一种与众不同的瓜水母，*Beroe abyssicola*。它有一个显著特征：透过其半透明的身体可见一个闪闪发亮的红色喉咙，称为口凹。这种瓜水母生活在 100 ~ 2000 米的深水区，但是上升流有时能将它们带至水面。亮红色的喉咙仿佛是它的"隐身衣"，能掩盖住它口中猎物发出的光。许多水生生物具有发光能力，即便在被吞食之后也能持续发光。这对于以发光生物为食的透明动物来说是有风险的，因为许多深海捕食者就是利用光亮来追踪猎物。肉食性瓜水母 *B. abyssicola* 不但自身发光，也以发光的浮游动物为食，最喜爱的食物便是其他种类的栉水母。当它吞下食物时，一个发光的瓜水母体内有一堆闪光的动物，这必然会引起捕食者的注意。但 *B. abyssicola* 以一种十分优雅的方式化解了这个难题：拥有一个模糊不透明的红色喉咙。红光是可见光谱中随着深度增加首先消失的颜色。因此，许多亮红色的深海动物在深海中实际上是"隐身"的！

　　B. abyssicola 是雌雄同体，即每个个体同时具有雌性和雄性的性状。它通过口将卵子和精子释放入水中，并在水中发生受精作用。发育过程中要经过一个球栉幼虫期，球栉幼虫从受精卵中孵化出来，营自由生活，随后渐渐生长发育为成体，不经历变态发育。

Euplokamis属
Euplokamis dunlapae

栉水母动物门（Ctenophora）

有触手纲（Tentaculata）

球栉水母目（Cydippida）

Euplokamididae科

Euplokamis dunlapae Mills, 1987

  Euplokamis dunlapae 是一种微小且特别的栉水母，生活在北冰洋 250 米以浅的寒冷水域。它大小仅有 1 厘米，但 2 条长长的触手可伸出 10~60 条侧枝，称为触手丝。这些触手丝有自己的肌肉，肌肉放松时触手能卷曲成紧实螺旋形，这是 *E. dunlapae* 独有的特征。其他种类的栉水母则恰恰相反，触手丝只在捕获猎物时才收缩，放松时则是伸展、松弛地悬在水中。因其触手丝的特殊结构，特殊的捕食形式多样：可以将触手在 40 ~ 60 毫秒内快速射出，或优美地舞动触手以模仿浮游小虫来吸引猎物，它们甚至能用触手缠绕猎物将其套牢。由此可见，它们的捕食方式绝非被动，而是主动出击！ *E. dunlapae* 可能是栉水母中触手最发达和最复杂的种类。当足量的食物颗粒积累在触手上时，*E. dunlapae* 将它们拽入一个特殊的触手囊中，在这里将颗粒分为可食和不可食两类。可食用的颗粒会进入口中，而无机颗粒则被扔回水中。随后，触手将再次伸展到全长。这种栉水母在遇到危险时也会收缩触手，因为其个体小极易被撕裂。它形似一个长水滴，在水中移动速度极快。而且，它是为数不多的既能前进又能后退的栉水母种类之一。

Mertensia属
Mertensia ovum

栉水母动物门（Ctenophora）
有触手纲（Tentaculata）
球栉水母目（Cydippida）
Mertensiidae科
Mertensia ovum Fabricius, 1780

Mertensia ovum 是栉水母门有触手纲的一个典型物种，在白海及其他冷水海域数量丰富。它被称做北极栉水母，由于其外形圆胖，也被称为海坚果。它的长度可以达到 10 厘米，但通常不超过 3~4 厘米。它是栉水母中寿命相当长的一种。在北冰洋，它们的寿命可超过两年。与刺胞动物门的水母不同，栉水母的触手上并没有刺细胞，而是在触手侧枝上密布着一种能分泌黏液的特殊细胞，称为黏细胞，用以捕捉猎物。*M. ovum* 的触手很长，可达身体长度的 20 倍。大部分时间，这种生物几乎静止不动，随波漂流，在浮游生物间滑行，伸展着具有长侧枝的触手，就像一张巨大的猎网。与所有栉水母相似（除了极少数例外），*M. ovum* 以小浮游生物为食，包括桡足类、端足类和底栖甲壳类、翼足类及鱼类的幼体。尽管 *M. ovum* 可见于 280 米的深度，但大部分生活在近表层的水域，因为它们的饵料浮游动物在表层丰度高于深层。*M. ovum* 能发出蓝色或绿色的光，是北冰洋最常见的发光浮游动物。

蛾水母属
Bolinopsis
Bolinopsis infundibulum

栉水母动物门（Ctenophora）
有触手纲（Tentaculata）
兜水母目（Lobata）
蛾水母科（Bolinopsidae）
Bolinopsis infundibulum O. F. Müller, 1776

　　想要观察到这种大型的栉水母并不容易，*Bolinopsis infundibulum* 体壁薄且透明，不含任何色素，与周围环境完全融为一体。其薄薄的胶质层极易受损，潜水员的手或脚蹼划动产生的水流都有可能使这种柔弱的生物变形为一团，更别说与任何传统浮游生物网接触了。为了找到并采集 *B. infundibulum*，我们需要带着手电潜水，小心翼翼地用有盖的大罐子盖住它们，然后避免晃动，运送到实验室。水族箱中仅保持轻微的水流，否则它一旦触碰到水族箱壁，则极易受损。在水下，借助潜水手电的强光，它无比漂亮的形态一览无遗：15 厘米大的 *B. infundibulum*，在明亮的光束下缓缓地拍打着节板，看起来完全不像是一只生物，更像一艘外星人的宇宙飞船。当它打开口瓣时，尤其引人注目。

　　B. infundibulum 并不利用触手摄食，而是利用像挖土机铲斗一样的口瓣把浮游动物"耙"入。这些口瓣内侧覆盖着一层薄薄的黏液和特殊的纤毛，将捕捉到的食物颗粒转移到位于口瓣之间狭长的口中。遇到密度极高的一大群浮游生物时，它会首先张大口瓣，随后，在一秒内迅速关闭口瓣，将口瓣之间的所有东西困于其中。*B. infundibulum* 主要捕食小型甲壳动物和甲壳动物幼虫，也包括一些小型翼足类软体动物，如海蝴蝶（见 64 页）。通过研究 *B. infundibulum* 的摄食习性，科学家们估计长 9 厘米的个体平均每天需要吃掉 350 只小型桡足类或 23 只大的、脂肪含量高的桡足类。*B. infundibulum* 是冷水海域食物链中最为重要的一个环节之一，因为它是浮游动物主要的消费者，同时也是瓜水母、霞水母和一些鱼类的主要食物来源。在某些季节，*B. infundibulum* 的丰度极高，每立方米水体中有近 400 个个体！

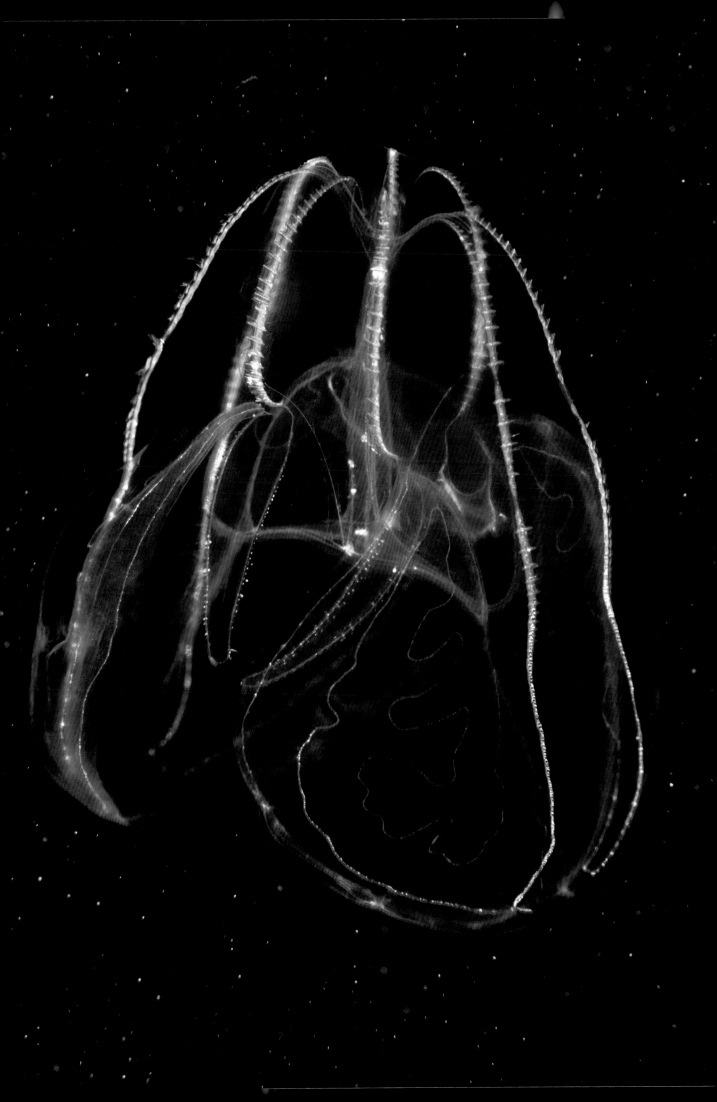

翼足类
Pteropod

翼足类是浮游生物中最神奇的类群之一，属于软体动物门，腹足纲，后鳃亚纲，营自由生活包括两个分类地位完全不同的、自由生活的类群：具有硬壳的被壳目（Thecosomata），俗称海蝴蝶，以及无壳的裸体目（Gymnosomata），俗称海天使。二者有一个共同的特点：有两片巨大的翼状鳍。鳍由远古蜗牛的爬行足进化而来，远古蜗牛是软体动物门腹足纲共同的祖先。事实上，海天使的幼虫是有外壳的，但是在发育过程中外壳退化、消失。尽管翼足类数量并非最多，但是外形迷人，多样性高。它们精细、半透明的外壳看起来就像精美的玻璃艺术品，包裹着珠光闪烁、有着怪异突起的身体。它们通常个体极小，有着不同寻常的靓丽色彩。尽管翼足类有一些共同的特点，但事实上很难找出它们当中的代表性种类，因为每个种类都有其独特的特征。

翼足类分布于全世界各个海域，但在南北极数量最多，能够形成巨大的群体，生物量超过所有其他浮游动物的总和。大量的翼足类吸引了它们的捕食者——鲸，在某些季节鲸仅以翼足类为食。怪不得北欧的船员们过去称它们为"鲸食"。

如今，翼足类则没有那么幸运了。地球大气中二氧化碳数量的增加导致了海洋酸化，其中至少一部分来源于人类排放的工业废物。人类几乎将各类废弃物排放到大气、河流和海洋中，致使海洋酸化的速率达到过去 3 亿年以来的最高值。专家预测这一趋势将会至少持续至 21 世纪中叶。二氧化碳溶于水中形成碳酸，酸性环境对翼足类来说是致命的。酸性环境下，它们薄且富含钙质的外壳变得更加脆弱，有些软体动物幼体可能完全无法形成外壳，没有外壳就无法生存。在某些海域，翼足类正濒临灭绝，这将严重破坏已经存在数百万年的食物链结构。各种研究机构长期密切关注这一问题，多地政府正努力限制向水体排放有害物质，这一独一无二的动物类群有望幸存并适应不断变化的环境。

蛞螺属
Limacina
Limacina helicina

软体动物门（Mollusca）

腹足纲（Gastropoda）

被壳目（Thecosomata）

螺科（Limacinidae）

Limacina helicina Phipps, 1774

　　蛞螺是一类个体较小、营浮游生活的翼足类，俗称海蝴蝶。它们形似蜗牛，从口中伸出一对又黑又大的翼状鳍。这些鳍是由远古软体动物的爬行足进化而成，远古软体动物是腹足类共同的祖先。海蝴蝶游泳速度快，游动时像蝴蝶拍打翅膀一样持续挥舞着翼状鳍，但由于外壳较大，它们泳姿并不像海天使那么优雅，看起来有些滑稽。海蝴蝶是海天使唯一的食物来源，其自身则不那么挑食，以各类微型浮游生物为食，如单细胞藻类、细菌和小型浮游动物。海蝴蝶通过分泌一大团黏液，粘捕各类食物，并吃掉这一大团黏液及其包裹的所有内容物。海蝴蝶是海洋食物链中的关键环节，在某些季节丰度极高，成为鲸主要的食物来源。一头鲸每天吃掉约两吨海蝴蝶。

海若螺属
Clione

Clione limacina

软体动物门（Mollusca）
腹足纲（Gastropoda）
裸体目（Gymnosomata）
海若螺科（Clionidae）
Clione limacina Phipps, 1774

　　翼足类海若螺属（*Clione*）生物，俗称海天使，是一类美丽的水生软体动物。在进化过程中，海若螺退化失去了外壳。源自远古蜗牛典型的爬行足转化为翼状鳍，是翼足类生物独有的特征，也是这一类生物名字的由来。海天使是无脊椎动物中最美丽的游泳者之一。它挥动双翼时仿佛天使缓慢拍打翅膀。另一类翼足类——海蝴蝶（见 66 页），是海天使唯一的食物来源。当海天使发现猎物时，一改迟缓的样子，快速游向猎物，速度超过其他任何软体动物。它动作敏捷，从头部伸出 3 对口锥，即捕食触手抓住猎物，并利用口锥旋转猎物，将其壳开口处朝向自己的口部。海天使口中有成对的钩囊，成束、弯曲的几丁质钩从中伸出，像叉子一样将海蝴蝶内部柔软的组织刮下。通过运动口的另一个组成部分——齿舌，来咀嚼并吞食食物。海天使消化一只猎物需要 2~45 分钟，随后丢弃猎物的空壳。海天使能利用贮存的脂肪作为能量，在不进食的情况下存活很长时间，甚至达数月之久。

　　海天使能在短短两到三周的捕食季吃掉近 500 只海蝴蝶，营养物质以脂肪滴的形式贮存在体内。通常水温升高时，海蝴蝶即从浮游生物群落中消失，未来的数月，海天使不再进食，靠脂肪储备度日。但是，海天使最终还是会从浮游生物群落中消失。我们并不知晓它们究竟去了哪里，推测可能随冷水流沉入较深的水域。

有尾类
Appendicularians

有尾类是一类个体小、不寻常的浮游生物，常见于北方诸海的大部分海域。它们的身体结构与海鞘幼虫十分相似，但也有一些显著区别。有些学者认为有尾类是进化过程中幼态成熟现象的产物，即一种动物终身保持在幼体发育阶段，但具备有性生殖能力。长期以来，有尾类的研究史十分混乱：1821 年，研究者把它们描述成水母，1830 年将其归为贝类，1833 年又归为植物型动物，即具有一些植物形状的动物，如固着的生活方式。植物型动物过去被定义为是介于植物和动物之间的中间形式。直到 1851 年，有尾类才被正确地归类为被囊动物，甚至在那之后很长时间，才被确认为成体生物。有尾类实际上是脊索动物门中一个独立的纲，包括几十种生物，具有独特的生活方式。

住囊虫属
Oikopleura
Oikopleura vanhoeffeni

脊索动物门（Chordata）
尾索动物亚门（Urochordata）
有尾纲（Appendicularia）
住囊虫科（Oikopleuridae）
Oikopleura vanhoeffeni Lohmann, 1896

　　有尾类是一类自由生活的浮游生物，生活在自己建造的特殊"住屋"里。身体由一个圆形的躯体和一条细长的尾巴组成，大小一般不超过 6~7 毫米，但"住屋"可达到身体大小的 10~15 倍。它们的"住屋"极其脆弱，因此目前世界上采集到的有尾类样本都没有"住屋"，只能在水下观察到。"住屋"完全透明，成分为胶质，实际上是一个被囊，与海鞘、纽鳃樽的被囊类似。但有一个关键区别：有尾类的外壳成分不是纤维素，而是与几丁质结构相似的多糖类。有尾类具有特殊的腺上皮细胞，像马赛克一般覆盖于身体前部，分泌胶质形成"住屋"。形成之初，"住屋"与身体紧紧挨着，然后逐步扩大使身体可以在其中自由移动。"住屋"的结构相当复杂，有若干个孔与外界相通，有尾类的尾巴可以通过这些孔输送细小的水流。这不仅帮助整只有尾类运动，也为其带来食物。孔间的通道上有十分紧密、精细的筛网，只有直径在 3~20 微米之间的微小浮游生物和有机物能够通过。微型浮游生物依次经过第一层和第二层筛网，后者形成一个直接通向口中的通道。由于需要过滤大量的水，第一层筛网很快便被堵塞。有尾类能通过尾巴的摆动反向输送水流以清理筛网。然而，它们通常更喜欢另一种简单的方式：直接撕下并丢弃"住屋"，重新建造一个。这在一天内可能会发生数次，因为建造一个全新、薄壁的"住屋"只需要几分钟！

第二章

固着生物

LIFE-ATTACHED

每一颗砂砾都是数千生物的家

在生物密集的海域，食物竞争尤为激烈，海底的每一寸空间都熙熙攘攘地聚集着生物，苦苦寻觅各自的安身之所。在这里，每一片海藻和每一块砂砾都是数百甚至数千各类生物的家园。尤其是那些大块石头，仿佛生生不息的生态系统。它们就像一个个大都市，充满了各类建筑、社区和错综复杂的关系。任何空余的空间会被寻找居所的幼虫迅速占领，在条件适宜的区域，如水流能带来充足食物的地方尤其如此。幼虫间相互竞争导致有些死亡或被捕食，还有些则会发育到成体。它们的固着生活看似迟缓，实则非常活跃，且受到诸多因素的影响。看似荒凉的海底实则经历着日复一日、年复一年的新老交替，成为一个不断变化的系统：从战场到猎场，到孕育新生命的温床，最后长成一片繁茂的森林。在这片海洋森林中，大树就是巨大的海葵，灌木丛就是水螅，草地就是群生的苔藓虫和薄壳状藻类。无数多毛动物、甲壳动物、软体动物和形形色色的鱼类穿梭于其中。底栖生物的种类数量都十分惊人！在条件适宜的礁石上，每平方米附着动物的生物量可超过几十千克。有时研究人员只有穿过若干"层"生物才能接触到最底层的基质，对整个底栖生态系统开展从上到下的层层调查，潜水员拍摄、采集一块石头上的生物往往需要下潜多次才能完成。

水螅

Hydrozoan polyps

当你潜入水中，穿过沿岸的藻类后，首先映入眼帘的可能就是成丛的水螅。乍看上去，水螅和海藻难以分辨。尽管单生水螅相当普遍，但它们通常形成群体，看起来像小灌木丛，外形极易与植物混淆。每一簇"灌木丛"由数百或数千个小水螅体组成，被称为个虫或个员。我们在本书的第一章中讨论过水螅体，它们经历世代交替产生水螅水母，帮助种群繁殖并扩散到世界各大洋。

整个水螅虫纲包括 3 800 多个形态和大小各异的种类。它们广泛分布于极深的海水和淡水水域，以及热带和北冰洋海域。水螅体能附着于各类基质，甚至是生物上，有些是种特异性的，有些是寄生性的，还有一些对生活环境要求非常特殊。最茂密的水螅丛通常生长在有持续稳定的水流处，因为水流会给水螅带来食物。所有的个虫由一条共肉的管系统相连，这使得一个水螅体捕获的食物可以轻松地与群体中的其他个虫分享。几乎所有的水螅都是肉食性的，利用布满多型刺丝囊的触手捕食浮游动物。事实上，在所有的刺胞动物中，水螅的刺细胞类型最多。有些水螅，如分叉多孔螅（*Millepora dichotoma*）能严重蜇伤人的皮肤。尽管在冷水海域并无严重蜇人的水螅，但仍要多加小心！

外肋水母属
Ectopleura
喉外肋螅
Ectopleura larynx

刺胞动物门（Cnidaria）
水螅虫纲（Hydrozoa）
花水母裸螅目（Anthoathecata）
筒螅水母科（Tubulariidae）
喉外肋螅（*Ectopleura larynx* Ellis & Solander, 1786）

　　喉外肋螅是北方海数量最多的水螅种类之一。这是一种小型的群生水螅，遍布各种物体表面：大大小小的石头、活的和死的贝壳、藻类、浮标和绳索。喉外肋螅主要附着在有强水流的地方，从表层到 850 米水深处均可见。群体中的每个个体都是一个小的个虫，在一条长螅茎顶端有两圈触手，犹如一朵花。个虫的大小通常不超过 2~3 厘米。它们利用布满刺细胞的外圈触手（反口触手）捕捉浮游动物并截获水流中的有机颗粒。食物一旦被捕获，便被转移至内圈触手。内圈触手围绕着个虫的口腔，因此称为口触手。一旦食物被送到此处，口触手中较短的触手立即将其推入口中。水螅没有肛门，一段时间后，未消化的东西也通过口排出。

　　喉外肋螅的生殖体位于两圈触手之间，形态特别，看起来像成串的葡萄。每个生殖体都是一个附着在母体上的个虫，未来将发育成为水母。生殖细胞的形成、受精和幼虫孵化均在生殖体中进行。在夏季，雄性生殖体产生大量精子，精子依靠化学趋向性游向雌性并发生体内受精。受精卵孵化形成具有触手、能独立运动的小个虫——辐射幼虫。有的辐射幼虫落入繁茂的水螅丛中，形成新的水螅，以此扩大群体规模，有的则被水流带到远方，形成一个全新的群体。

筒螅属
Tubularia
Tubularia indivisa

刺胞动物门（Cnidaria）
水螅虫纲（Hydrozoa）
花水母裸螅目（Anthoathecata）
筒螅水母科（Tubulariidae）
Tubularia indivisa Linnaeus, 1758

　　北方海是一片冰冷、漆黑的水世界，即便在夏季水温也不超过 1~2℃，而这里却是筒螅的家园。*T. indivisa* 个体较大，螅茎可高达 25 厘米。通常生活在 30 米以深的水域，最深可达 500 米。其形似花朵，多为单生，也偶尔形成不规则延展的群体，群体中不同个体的螅茎和个虫缠绕在一起。它们是大型捕食性刺胞动物，利用"花苞"上的两圈触手来猎捕小浮游动物。外圈由细长的反口触手形成，上面布满刺细胞。反口触手能够极为迅速地捕捉并麻痹猎物，随后将其拉向内圈。内圈的几十条短触手围绕着口，被称为口触手，它们将猎物杀死并推向口部。*T. indivisa* 自身也是其他生物的猎物。例如，一种名为扇鳃（*Flabellina polaris*）的海蛞蝓，它们沿着筒螅的螅茎爬行并啃咬个虫，留下光秃秃的橙色螅茎。然而，不久螅茎顶端将形成一个新的"花苞"，里面孕育着一个新的个虫。因此在仅仅数月内，一个筒螅能够新老交替接连生成若干个虫。

　　与许多其他水螅不同的是，筒螅并不经历水母阶段。它的生殖体成串悬垂于两圈触手之间，辐射幼虫在其中发育形成。辐射幼虫一旦成熟，便利用它们细小的触手爬离母体，在海底形成新的水螅。

瘦长螅属
Acaulis
Acaulis primarius

刺胞动物门（Cnidaria）

水螅虫纲（Hydrozoa）

花水母裸螅目（Anthoathecata）

瘦长螅科（Acaulidae）

Acaulis primarius Stimpson, 1854

　　Acaulis primarius 是一种细小的单生水螅，不形成水螅群体，也没有独立的个虫。它仅有约1厘米大小，通常固着生活在 65~4700 米水深处的海床上，因此极难被发现。但是，潜水员通过在白海的频繁潜水和仔细搜寻，在潜水可及的深度找到了这些生物。*A. primarius* 具有特殊的螅茎，可附着在基质上或钻入海床，还有巨大的球形生殖腺和数十条布满刺细胞的触手。它的螅茎能在捕食时延长，在需要自我保护时蜷缩成一小团并将触手伸向各个方向。

　　在白海，就在我们的眼皮底下发现了 *A. primarius*，这正反映了我们对海洋生物及其分布的了解是多么的匮乏。长期以来，科学家们认为这一物种极为罕见，只生活在人类难以接近的深海，我们之前所掌握的信息仅来自过去数年采集的若干样品。而现在我们知道它生活在哪里并且能够找到它，可以随时开展对这种水螅的研究。

海葵
Actiniarians

海葵目（Actiniaria）生物是一大类固着生活的刺胞动物。它们个体较大，通常以单体形式独立生活，利用强有力的足部附着在固体基质上。但是，有些海葵在进化过程中过渡为穴居生活方式，特化的附着器官消失。海葵身体呈圆柱形，柱体上端为口盘。口盘中央有一个长缝状的口，口周围是无数布满刺细胞的触手。与其他刺胞动物相似，海葵也捕食浮游动物、小型甲壳动物、多毛动物、鱼类甚至水母。海葵没有内骨骼，形态依靠身体和肠腔的肌肉层支撑。当口闭合时，即可与周围环境完全隔离，留在体内的水便成为它的水骨骼，调节整个身体的形状和硬度。海葵伸展、收缩、移动、挖洞或弯曲，都依赖水骨骼和肌肉的协同运作。与其他刺胞动物不同的是，海葵的身体十分结实，中胶层是身体中主要的结缔组织，发育程度高，密度与软骨相当。

生活在北方海冷水中的海葵，繁殖季一般始于春季，止于夏季。它们通常分雌雄两性，一旦成熟，即开始向水中释放生殖细胞，既可在体外受精也可在体内受精。与其他刺胞动物相同，海葵的受精卵发育成浮浪幼虫，浮浪幼虫营浮游生活数日，随波逐流到遥远的海域。一旦固着到新的"居所"，便形成新的水螅体，并长成独立的成体。

海洋中有超过一千种海葵目生物，分布极为广泛，大多数生活在热带和亚热带水域。但在北冰洋，也能见到各类美丽迷人的海葵。成丛的海葵仿佛一片色彩鲜艳的草场，上面开满了奇特的花朵。然而在冷水海域，通常只能见到一个物种，密集地覆盖整个水下峭壁或者数平方千米的海床。

细指海葵属
Metridium

须毛高令细指海葵
Metriduim senile

刺胞动物门（Cnidaria）

珊瑚虫纲（Anthozoa）

海葵目（Actiniaria）

细指海葵科（Metridiidae）

须毛高令细指海葵（*Metridium senile*
Linnaeus, 1761）

　　须毛高令细指海葵是北冰洋海域最为常见的海葵之一。它通常生活在浅水，但在 2 000 米水深处也有分布。多为群生，鲜有单生。群体的固着区面积巨大，甚至可以覆盖整个水下峭壁和巨石。须毛高令细指海葵个体较小，约 30~40 厘米，蓬乱的顶部由数千短而细的触手组成。它也有若干密布刺细胞的长触手，用来"战斗"。科学家们认为须毛高令细指海葵并不是利用这些触手来捕食，而是与其他海葵"决斗"，以争抢领地和食物。它的身体能朝各个方向弯曲，将布满触手的口盘迎向水流。它可伸展至超过身体长度的三分之一，体壁则能伸展至原先大小的四倍！但是，如果你触碰或吓到它，它会收回触手，缩成一个紧致的球，紧紧地贴在附着物上。与所有海葵相似，须毛高令细指海葵是个捕食者，以漂浮经过的浮游动物为食，通常是小甲壳动物和数不清的浮游幼虫。但有时它也会抓到一些"大意"的水母，这些水母游得太低，长长的触手便与海葵的触手缠绕在一起。

　　单独的须毛高令细指海葵非常少见，它通过出芽或者亲体分裂为两个个体，进行无性生殖。芽孢直接在体内靠近基足的位置生成。随着亲体生长，这些芽孢便长成像小海葵的样子，并撕开亲体的体壁向外"四处张望"。一段时间之后，小海葵完全爬出，爬到几厘米外的地方并长成成体。它们发育极快，幼体基足的直径以每天 0.6~0.8 毫米的速度生长。五个月大时，基部的平均直径可达 45 毫米。它们出芽和生长快速，使得群体形成一片巨大的"森林"。"森林"中繁茂的"灌木丛"则是由遗传物质完全相同的海葵个体组成。由于须毛高令细指海葵的寿命长达几十年，这些"森林"在海床某些区域便形成一个完整的生态系统。

细指海葵属
Metridium
Metriduim farcimen

刺胞动物门（Cnidaria）
珊瑚虫纲（Anthozoa）
海葵目（Actiniaria）
细指海葵科（Metridiidae）
Metriduim farcimen　Brandt, 1835

　　Metridium farcimen 是一种巨型细指海葵，高度可达 1 米，其基足的厚度甚至超过成年人足部的厚度。生活在远东冷水海域 500 米以浅的地方。每个个体仿佛一根泛着珠光的柱子，顶部有一大簇厚厚的触手。受到扰动时，它会将身体卷缩成一个直径仅 30 厘米的紧致球形。刺细胞仅位于柱体顶部的触手上，遇到危险时会收缩，只剩下一根光秃秃的柱体，看似缺乏保护。但事实上，它们的体壁上有特殊的开口，能像"炮孔"一样发射出黏性的丝状物，这些丝状物由成簇的刺细胞组成。这是一种特殊的防御机制，常见于多种海葵，"侵略者"攻击 *M. farcimen* 肥厚的柱体时可能会感到非常疼痛。尽管如此，有些动物依然能以这种海葵为食。有些海蛞蝓就捕食 *M. farcimen* 幼体，而海星有时则能袭击较大的成体。

　　M. farcimen 不进行出芽生殖，并不形成遗传物质完全相同的成簇群体。它们虽固着在同一处，但多个个体之间完全独立。有时新个体也会通过无性生殖产生：*M. farcimen* 爬往别处时，身后留下基足的碎片，这些碎片则会长成新的个体。这一过程称做撕裂，是一些海葵种类的典型特征。*M. farcimen* 对其他种类十分不友好。与须毛高令细指海葵（*M.senile*）相似，它利用"战斗"触手挡住不受欢迎的"左邻右舍"，并释放化学物质致使其他海葵个体变小并最终死亡，以此来抵御海葵属其他种类的捕食。*M. farcimen* 寿命相当长，科学家们认为在某些情况下，它们甚至可以活数百年。水族馆中有若干只 *M. farcimen* 已经存活了超过一百年，却在壮年之时因为管理员的疏忽而死亡。在冷水海域，尤其是在深海，环境变化尤为缓慢，这里你极有可能遇到一只海葵，已有几百岁高龄。

丽花海葵属
Urticina
骑士丽花海葵
Urticina eques

刺胞动物门（Cnidaria）

珊瑚虫纲（Anthozoa）

海葵目（Actiniaria）

海葵科（Actiniidae）

骑士丽花海葵（*Urticina eques* Gosse, 1860）

　　骑士丽花海葵是一种漂亮的大型海葵，见于白海、巴伦支海和挪威海。它生活在温跃层以下水深约 20~25 米的黑暗处，牢固地附着在石头或礁石上。它的柱体短且宽，触手厚实呈锥形，口盘中部有一个巨大的口。骑士丽花海葵大多呈白色或黄色，有独特的装饰花纹，红色的条纹从口盘中央向触手辐射，并延伸至全身。当它处于收缩状态时，触手收缩，身体紧紧压缩成一个球，像一个奇怪的水果。尽管骑士丽花海葵通常是单体，但会有几十只或数百只共同固着于一片区域。它们以甲壳动物和小鱼为食，猎物一不小心便会被密布刺细胞的触手捕获。

丽花海葵属

Urticina

Urticina kurila

刺胞动物门（Cnidaria）

珊瑚虫纲（Anthozoa）

海葵目（Actiniaria）

海葵科（Actiniidae）

Urticina kurila Averincev, 1967

丽花海葵口盘的颜色和花纹因种类而异，甚至同一种类不同个体的颜色也千差万别。颜色和花纹的不同组合成为一些海葵独一无二的特征。科学家们于 1967 年在千岛群岛发现并描述了一种丽花海葵 *Urticina kurila*。然而，由于少有科考前往此处，在之后的很长一段时间内科学家们再未找到这个种类。1967 年对这一种类的描述中缺少了许多解剖学细节，但详细地记录了其特殊的颜色。这帮助我们成功鉴定出近期在日本海北部发现的一种海葵，与先前的描述完全一致，正是 *U. kurila*。它的内环上同样有 10 个触手，口盘上有 10 对琥珀色的辐射线。在丽花海葵属中，触手、花纹的个数常为 10 的倍数。除了特殊的颜色，它还有一个独一无二的特征：身体上长有半透明的疣状突起。在这些突起之间，粘有砂砾、破损的贝壳和小石块。因此当它遇到危险将身体卷曲起来时，颜色与地面几乎完全融为一体。它也能钻进沙中，只将鲜艳、有条纹的触手伸出来。这是生活在近岸及浅水区的海葵的典型行为，显然是它们自我保护的方式，以抵御巨浪形成的强水流。

膨大海葵属
Stomphia
猩红膨大海葵
Stomphia coccinea

刺胞动物门（Cnidaria）

珊瑚虫纲（Anthozoa）

海葵目（Actiniaria）

甲胄海葵科（Actinostolidae）

猩红膨大海葵（*Stomphia coccinea* Müller, 1776）

　　猩红膨大海葵个体较小，广泛分布于北方海，常见于水深 10~15 米至 320 米处。它总是附着在暴露于空气中的地方，如远离海床的礁石或石砾上方。尽管它们仅有 3~5 厘米高，但宽基足使其能轻松附着到死亡的双壳类软体动物的壳上或大小和形状各异的石头上。它顶部的锥形触手多达 80 个。这些触手运动幅度虽小却在持续运动，时刻准备捕捉猎物。尽管海葵看似运动缓慢，从不主动出击，但事实上它们是凶猛的捕食者，能够瞬间抓住猎物并利用数十个刺细胞将其麻痹。猩红膨大海葵以周围漂过的浮游动物为食，自身也是某些海星和海蛞蝓喜爱的食物，例如乳突多蓑海牛（*Aeolidia papillosa*）。一旦猩红膨大海葵感受到来自饥饿捕食者的威胁时，它有一条锦囊妙计：立即松开基足跳到一旁，从石头上滚下或者立即随水流漂走。逃走后，它便寻找新基质迅速附着上去。这一特征在海葵中很少见，猩红膨大海葵正因这种特殊的自卫方式而出名。令人惊讶的是，它还有一个形影不离的"好朋友"——一类名为 *Cryptonemertes* 的纽形动物，生活在猩红膨大海葵基足下方。尽管科学家发现猩红膨大海葵时，常常发现 *Cryptonemertes* 就在旁边，但并不是每只猩红膨大海葵都有一个这样的近邻。二者之间究竟是一种怎样的关系，对科学家们来说仍是个未解之谜。

十字水母

Stauromedusae

十字水母虽极为常见，但在北海却是奇特的物种。它们只能生活在海床上且通常固着生活在浅水区，看起来像倒置的钵水母，但有一个重要区别：十字水母没有宽大的伞部。相反，它们的身体由一条薄且灵活的柄和一个杯状伞组成。伞缘有 8 条腕，腕的顶端有成束的触手。每条触手向末端逐步加厚，触手上较厚的区域密布着刺细胞，仿佛一个火力强劲、攻势凶猛的"炮台"。十字水母通常伏击猎物，一旦猎物不慎触碰到它们，触手便会瞬间发出进攻且绝不放松。对于许多十字水母来说，可能数月内仅有一次捕食机会！与其他水母相似，它们以小型或中型的浮游动物为食，例如甲壳动物、仔稚鱼和浮游幼虫。

十字水母的生殖方式包括有性生殖和无性生殖，但它们的生活史中并没有世代交替，这与其他水母有所不同。在有性生殖方式中，雌雄异体的成体向水中释放大量配子，配子在水中发生受精作用。受精卵孵化生成一种特殊的浮浪幼虫。十字水母的浮浪幼虫没有纤毛，不具备游泳能力，仅能沿着物体表面爬行，寻找最佳的落脚点。附着后，它们便转变为螅状幼体，并最终生长发育为一个成熟的水母成体。然而，目前对于十字水母的无性生殖方式，仅有早期发育阶段的描述，刚附着的浮浪幼虫和新形成的螅状幼体能进行出芽生殖。这时，在螅状幼体上会形成多个新的突起。最终，这些突起脱离螅状幼体，发育成为遗传信息完全相同的独立个体。

高杯水母属
Lucernaria
Lucernaria quadricornis

刺胞动物门（Cnidaria）
十字水母纲（Staurozoa）
十字水母目（Stauromedusae）
高杯水母科（Lucernariidae）
Lucernaria quadricornis O.F. Müller, 1776

　　Lucernaria quadricornis 是一种在北方海几乎随处可见的水母。它们生活在浅水，通常在水流较强的区域，附着于海带（*Laminaria*）等藻类的柄上。尽管它们的身体看起来柔软纤细，但柔韧性极强，能够扭曲和伸展。如果水流太强，对其造成损伤或将其从固着物上分离，*L. quadricornis* 便会松开它的基部随着水流转移到更安全的地方。它们也能利用腕间特殊的结构——感觉乳突从一处爬到另一处。利用这些结构 *L. quadricornis* 能附着在一处生活相当长一段时间。它们移动时则积极地利用腕上的触手黏附到物体表面。

　　与其他十字水母相似，*L. quadricornis* 捕食时将布满成簇小触手的腕伸展开，等待猎物到来。一旦有糠虾或其他甲壳动物不小心碰到它的触手，它会将数十条刺丝立即刺入猎物将其麻痹。随后，*L. quadricornis* 用腕包裹住猎物给它致命一击，再弯曲腕将猎物送达口部，口周围有 4 片柔软的口唇。进食时，*L. quadricornis* 完全处于一种封闭的状态：收回腕，缩成一个紧致的球，仿佛柄上的一个花苞。一旦进食完毕，它便伸展开，从口中排出未消化的食物，这朵美丽的水下之花再次"绽放"。

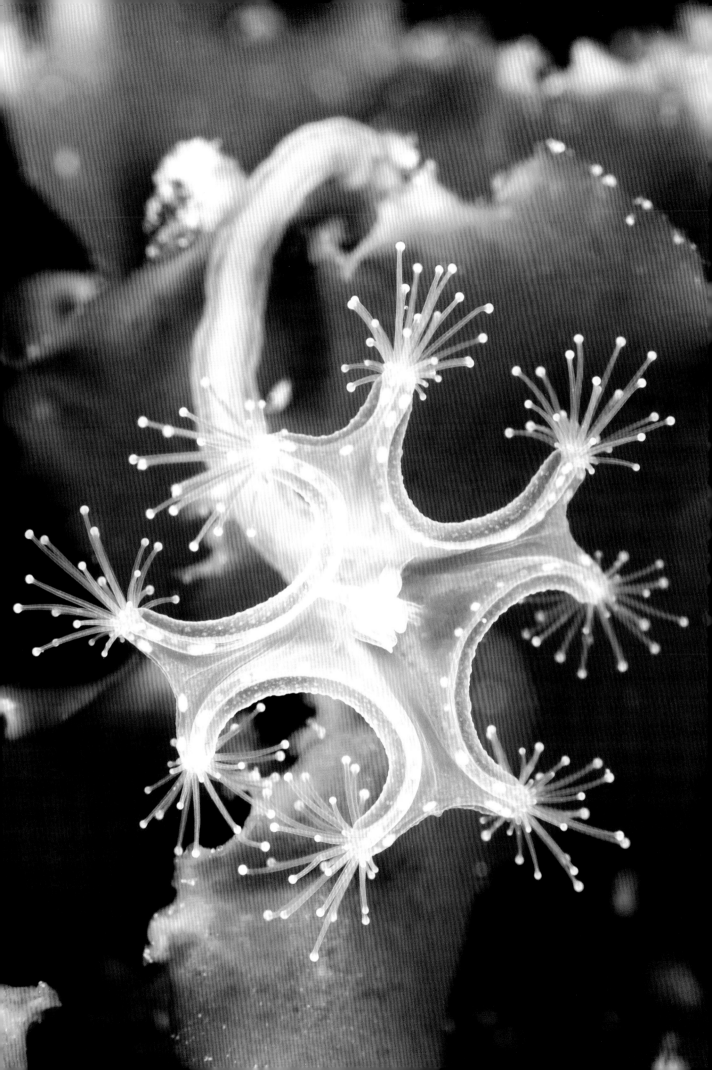

高杯水母属
Lucernaria
Lucernaria bathyphila

刺胞动物门（Cnidaria）
十字水母纲（Staurozoa）
十字水母目（Stauromedusae）
高杯水母科（Lucernariidae）
Lucernaria bathyphila Haeckel, 1880

  并非所有的高杯水母都生活在浅水区，被强水流包围。泛着珠光的 *Lucernaria bathyphila* 则生活在几乎没有水流的深水区。它宽大而脆弱的身体立于一个细而短的基部上，即便是极其轻微的水流也可能对它造成损伤。这种高杯水母生活在深达 2 800 米的水域，但在 30~50 米水深的冷水海域也能发现它们的身影。由于深海中食物极其匮乏，*L. bathyphila* 在没有食物的情况下能生活很长一段时间。大小一般不超过 5~6 厘米，腕较短，每一条腕上布满了数十条细小、成簇的触手。

高杯水母属

Lucernaria

Lucernaria sp.

刺胞动物门（Cnidaria）
十字水母纲（Staurozoa）
十字水母目（Stauromedusae）
高杯水母科（Lucernariidae）
Lucernaria sp.

　　在白海冰冷的深海中生活着另一种有趣的高杯水母。它通过扫起周围的东西来进食，这是十字水母中一种独特的进食方式。与那些附着在大石头或藻类上、伸展着静候猎物上钩的高杯水母不同，这个种类是直接附着在海床上。在海床上，各种甲壳动物、多毛动物和其他底栖生物在石头间穿梭爬行。通过拉伸并扭转基部，这种高杯水母利用它细长的触手有条不紊地占据海床的每一寸空间，杀死并收集所有附近爬过的小生物。当它"扫荡"完一个区域，便会脱离海床上的砾石，爬往下一站。它胃口极好且十分活跃，生长速度比那些靠"伏击猎物"进食的高杯水母快多了。事实上，它能长到成人手掌那么大，有时甚至更大。这个物种十分稀少，因此我们没有掌握足够的信息准确描述它的生活习性。

软珊瑚
Soft corals

与水螅和海葵一样，软珊瑚也属于刺胞动物，也有刺细胞。珊瑚是群生动物，"珊瑚树"的每一个"树枝"上都有若干小个虫，每个个虫是一个独立的动物个体，都有围成一圈的 8 条羽状触手和一个小口。每个个虫都能捕食小浮游动物，如果捕食成功，它能将营养物质输送给整个群体。有些螃蟹和寄居蟹十分喜欢咬食软珊瑚群柔软的分枝。遇到危险时，或有好奇的甲壳动物用螯戳它，软珊瑚会条件反射地自我保护：个虫迅速关闭并缩进身体中，继而利用肌肉收缩变成紧密的一团。全球海洋中有许许多多种软珊瑚，然而在北方海中只有少数几种。软珊瑚并不形成珊瑚礁，通常形成独立的簇。然而，北方海中的种类不但能附着在固体上，也能固着在海床大片的淤泥上。这意味着当你潜入深处，在一些生物贫瘠的地方也能看到它们的身影。一些软珊瑚色彩艳丽，而另一些则透明无色。

*Gersemia*属
Gersemia fruticosa

刺胞动物门（Cnidaria）
珊瑚虫纲（Anthozoa）
软珊瑚目（Alcyonacea）
棘软珊瑚科（Nephtheidae）
Gersemia fruticosa Sars, 1860

　　当你潜到海中约 25 米深的软泥底，你会发现这里完全黑暗，水温低于零摄氏度。一类无比柔软、漂亮的生物——*Gersemia fruticosa* 就常年生活在这里。它们是白海唯一的软珊瑚。它们高约 80 厘米，看起来像造型古怪的树，在海床上的某些区域形成一整片树林，在水底灯的照射下闪耀着亮光。它们半透明的身体上有钙质骨针，柔和地散射出被组织吸收的光，因此 *G. fruticosa* 看起来仿佛体内发光。它们以小浮游动物为食：多毛动物、软体动物幼虫、甲壳动物，以及个虫触手捕获的悬浮有机颗粒。

　　G. fruticosa 是为数不多的能固着在海底软泥上的动物之一。它们的幼虫能固着于泥质海床上的任何物体，例如小石子或者贝壳碎片上。一旦固着成功，一个新的群体便开始形成并生长。*G. fruticosa* 的足钻进海底，形成一个充满淤泥的大泡，像锚一样扎在海底并使整个群体保持直立。它们喜欢固着在水流十分微弱的地方，一方面是为保护自己，以免水流将自己从软泥上"连根拔起"；另一方面，水流也会给它们带来食物——新鲜的浮游动物。如果水流在某些季节变强，*G. fruticosa* 会将自己压缩成紧致的球，以降低水流冲击的伤害，等待恶劣天气结束。

海鞘
Ascidians

海鞘，是一类独特的底栖动物，几乎遍布全球大洋的各个角落。目前已知的海鞘种类超过3 000种。它们属于脊索动物门，尾索动物亚门。尾索动物，又称被囊动物，是一类身体被特殊外壳包裹的生物。这种外壳称做被囊，由一种特殊的材质——被囊质组成，结构类似植物的纤维素，而被囊动物是唯一拥有这种材质的生物。海鞘是脊索动物，也就是说它们比最高等的无脊椎动物更接近脊椎动物。海鞘的幼虫营浮游生活，有真正的脊索（脊柱的前体），但是脊索在成体中消失。被囊动物被认为是从某些与脊椎动物相似的远古动物进化而来，脊索在进化过程中发生了简化或降解。

海鞘成体营固着生活，生活方式相当枯燥。它们能做的只有利用身体上端的两条水管滤水。它们依靠纤毛的摆动使水流经过入水管，流进布满鳃裂、宽大的咽部。在这里，气体交换，食物过滤。鳃裂或内柱开口于围鳃腔，围鳃腔通过一条出水管与外部连接。生殖管和后肠也开口于同一个围鳃腔，因此所有需要被排出体外的东西都经过这条出水管。

海鞘可单生，也能形成巨大的群体，覆盖水下的巨石甚至整个峭壁。有些海鞘群体连接十分紧密，许多个虫共享同一个胶质被囊和同一出水管。海鞘的长度从小于1毫米到30厘米不等。

有些海鞘有一个很特别的性状：它们能从海水中吸收并在体内富集一种稀有金属——钒。日本就设有特殊的养殖场专门培育、收集并燃烧这类海鞘。灰烬中的钒浓度甚至高于许多矿藏。还有些海鞘可食用，可谓是美味佳肴。

*Halocynthia*属
Halocynthia aurantum

脊索动物门（Chordata）

海鞘纲（Ascidiacea）

复鳃目（Stolidobranchia）

脓海鞘科（Pyuridae）

Halocynthia aurantum Pallas, 1787

    Halocynthia aurantum 因其特殊的外形常被称为"海桃子"。这种动物色彩明亮、外形圆胖，摸起来手感很好，看起来更像美味的水果，而不是海洋生物。*H. aurantum* 是北冰洋典型的海鞘物种。在 100 米以浅的水域，你几乎能在所有固体基质上找到它们。它们能长到约 18 厘米，通常呈现亮橙色或鲜红色，十分醒目。这种海鞘具有十分典型的海鞘生活习性：生长、滤水并繁殖。它们的幼虫营浮游生活，能够被水流带往很远的地方，并在海床上找到适宜的位置附着。附着后，幼虫经历了完全变态发育：海鞘幼虫与脊椎动物幼虫相似，曾经结构复杂、自由游动的幼虫成熟后转变为被动、固着的桶状生物。幼虫用来辨别方位的器官完全消失，尾部收缩，脊索退化，眼睛和平衡囊（平衡控制器官）消失，口部移向后侧并形成一个进水管，幼虫的被囊变大并形成根状突起，将海鞘牢牢固着在基质上。

    人们把海鞘 *H. aurantum* 当做食物广泛食用，而且认为其具有诸多益处甚至治疗功效。科学家们已经从海鞘中提取了一种抗菌肽，该成分能够在酸性和中性环境中杀死细菌，甚至能杀死对多种药物具有抗性的细菌。因此，今后这种成分可能会被用于自然疗法。俄罗斯某研究所的科学家们研发出一种从 *H. aurantum* 中提取油类的技术。提取物中包括一种名为 haurantin 的药物成分，其用途广泛，尤其是具有很强的保肝功能，效果与现代合成药物相当。

皮海鞘属
Molgula

Molgula griffftsii

脊索动物门（Chordata）

海鞘纲（Ascidiacea）

复鳃目（Stolidobranchia）

皮海鞘科（Molgulidae）

Molgula griffthsii Macleay, 1825

　　科学家们喜欢用不同的水果来命名海鞘，对栖息于冷水中的皮海鞘也不例外。它们被称做"海葡萄"，因为它们个体小（不超过2厘米），喜欢像葡萄一样成串固着在大型水螅或藻类的分枝或柄上。它们利用细长的足部将自己牢牢固着。在北冰洋海域20米以浅的许多地方，皮海鞘十分普遍。与其他海鞘相同，皮海鞘也是滤食生物。当水流穿过它的身体，水中微小的食物便被它捕获，例如细小的有机颗粒，单细胞藻类，甚至是细菌。透过完全透明的被囊，其内部器官和解剖结构均清晰可见。有时，寄生性甲壳动物会生活在皮海鞘体内，透过透明的体壁能够观察到它们的生活。一旦有生物接近皮海鞘或轻触它，它会立即收缩被囊下的肌肉，喷水后关闭进水管并变为一个紧致的小球，将自己紧贴在固着物上。在这种情况下，它就很难被伤害或捕食了。海鞘有时会受到螃蟹、饥饿的海星甚至是绒鸭的袭击。绒鸭是一种大型海鸟，属于鸭科，多见于俄罗斯和欧洲的北方海沿岸。冬季海面覆冰时，它们聚集成群生活在冰间湖上。冰间湖是一大片无冰的水域，深度正好适合绒鸭潜水觅食。绒鸭潜入水中数十米深，有时达50米，在海床上寻找食物。它们把石头翻过来，收集一切能吞下的东西，常常狼吞虎咽地吞下皮海鞘或其他海鞘。海鞘收缩身体并紧紧附着在石头上，以此来躲避绒鸭凶猛的攻击。

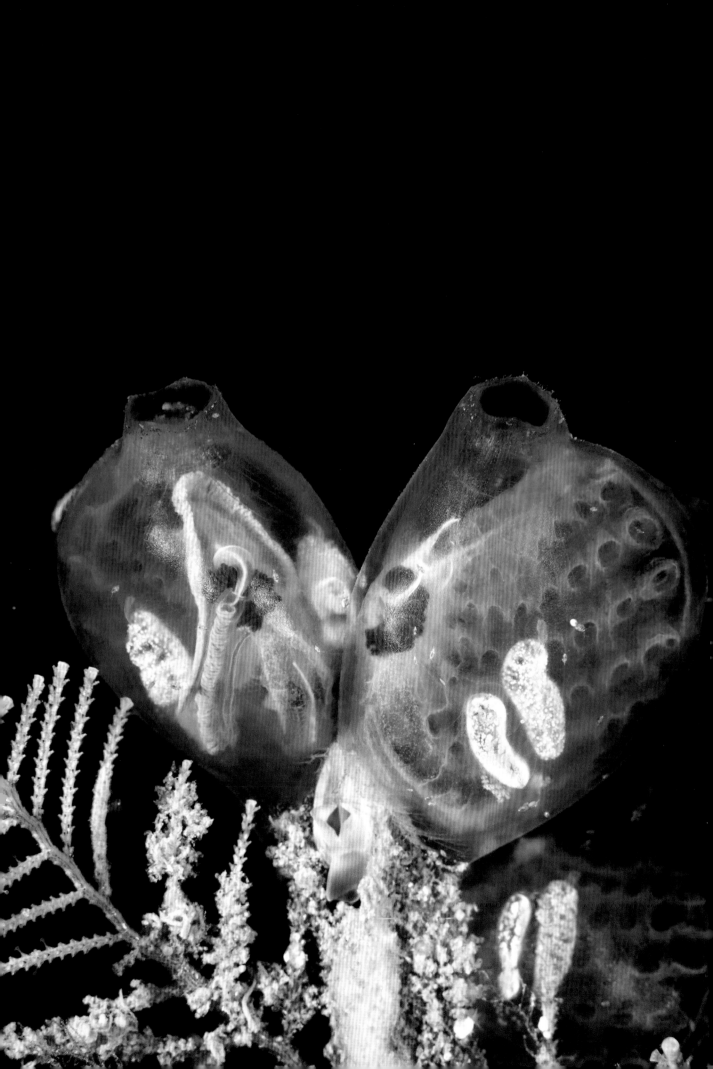

苔藓动物

Bryozoans

苔藓动物，又称苔虫，是一大类固着生活的动物。尽管肉眼几乎不可见，有时却能形成非常大而醒目的群体。组成群体的每个个体（个虫）都分泌一个小外壳，包裹住自己的身体。这种外骨骼有的是胶质的，有的则是固态的，后者由几丁质或几丁质和碳酸钙混合形成。苔虫群体能够牢固地附着在各类物体上，包括石头、海藻、贝壳、甲壳动物外壳、船底或者是其他任何便于附着的物体。苔虫群体的外形大致有两类：扁平被覆状和灌木丛状，后者有片状或狭长的分枝，因此很容易与水螅或藻类混淆。有时成丛的苔虫看起来就像厚厚的苔藓，它们的名字也是由此而来，学名"Bryozoa"在拉丁语中意为"形似苔藓的动物"。尽管每个个虫的大小通常不超过 1 毫米，但有些群体能够覆盖约 1 平方米的区域或长到高达 90 厘米。苔虫的身体藏在外壳中，分为两部分：囊状体和多足体。囊状体受坚硬的外骨骼保护，内含为数不多的生殖和消化器官。多足体包含触手冠，能从外骨骼中伸出。触手冠是一个由触手形成的小冠状结构，上面密布纤毛。在遇到危险时，多足体能迅速缩进外骨骼中。苔虫是滤食动物，依靠触手纤毛的摆动，使水和悬浮有机颗粒进入口中。它们也能捕食一些相对较大的浮游植物或浮游动物，只要食物的大小合适，能够进入其口中。

由于苔虫的固着生活形态，内部结构十分简化。它们没有循环、呼吸或排泄系统，气体交换通过整个体表来完成。食物穿过 U 形的消化管，而未消化的残渣则从肛门排出体外。肛门位于外骨骼上部接近口的位置。苔虫既能进行有性生殖（包括一个浮游生活的幼虫阶段），又能进行无性生殖（出芽）。因为结构极其简单，在有些种类中，群体中的不同个体具有不同的功能。负责捕食的苔虫被称为自个虫或营养个虫。负责防御的被称为鸟头体，形似鸟头，利用鸟喙状的突起来抵挡其他无脊椎动物的攻击。负责清洁的被称为振鞭体，有特殊的刚毛状附属物，有节律地摆动以形成水流。负责生殖的苔虫被称为生殖个虫，它们可以变大，成为幼虫的育婴室。最后，还有胶个虫，是负责将群体固着于基质。这些苔虫群体不是成千上万、细小的外骨骼的简单结合，而是形成一个生物复合体。

目前已知的苔虫种类超过 5 000 种。它们遍布全球海洋，也栖息于淡水水域，甚至在北冰洋的浮冰上形成群体。如果你仔细观察，会在海床上的各个角落看到一些细小、不显眼的苔虫群。这些群体由结构完美的外骨骼组成，半透明的触手冠从中伸出。苔虫无处不在，有许多开心地在北方海域冰冷的海水中安家。

*Flustrellidra*属
Flustrellidra hispida

苔藓动物门（Bryozoa）
裸唇纲（Gymnolaemata）
栉口目（Ctenostomada）
拟藻苔虫科（Flustrellidridae）
Flustrellidra hispida O. Fabricius, 1780

退大潮时，*Flustrellidra hispida* 是你在海边首先能看到的一种苔虫，甚至都不需要踏入水中便能看到它的身影。它的群落看起来像一簇簇短小、棕色的毛发，固着在藻类上，主要是生长在北方海潮间带岩石上的海草。那些短而坚挺的毛是胶个虫，在群体中数量众多，是没有捕食功能但用来保持群体形态的特殊结构。摄食个虫在柔软、胶状的外骨骼中，体壁透明。和所有苔虫一样，*F. hispida* 是滤食生物，以小型浮游植物、细菌和有机碎屑为食。当食物特别大时，它能够利用触手冠中的一个触手将食物推向口部。*F. hispida* 群体一般只有几厘米大小。当周围没有波浪且没有捕食者时，它处于平静状态，而这团不起眼的小生物会在你眼皮子底下上演变形记。数百个幽灵一样的个虫缓缓地、小心翼翼地伸出，露出它们小小的触手冠。它们会感知到极其轻微的危险信号，一眨眼的功夫就会再次藏起来。

溟熊苔虫属
Arctonula
北极溟熊苔虫
Arctonula arctica

苔藓动物门（Bryozoa）

裸唇纲（Gymnolaemata）

唇口目（Cheilostomatida）

罗曼吉苔虫科（Romancheinidae）

北极溟熊苔虫 (*Arctonula arctica* M. Sars, 1851)

　　北极溟熊苔虫广泛分布在北方海，颜色独一无二。与大多数冷水苔虫不同，它的个虫是浅粉色、红色甚至是亮橙色。它们的群体通常固着在石头或软体动物的壳上，看起来是一个个鲜艳的小点。群体形态十分多样，有的附着在石头上呈完美的圆形，有的附着在海床上呈双层结构。群体内部，个虫由中心向外生长，因此位于边缘的个虫触手最长。这些生物确实非常细小，个虫的大小从 0.6 毫米 ~0.8 毫米不等，而它们的触手可长达 0.7 毫米。当群体中心的成体死亡时，留下一个空的钙质壳，群体中其余存活的部分便形似一个环。

腕足动物

Brachiopods

腕足动物是一类小型固着动物，形似双壳类软体动物。它们利用灵活的柄或足将自己牢牢地固着在坚硬的物体上。这是一类非常古老的生物，已灭绝的种类约 30 000 种！由于数百万年来它们的结构未曾发生实质改变，现存的约 380 种腕足动物被称为"活化石"。它们的身体被包裹在两片坚硬的壳中，一个是背壳，一个是腹壳，因此腕足动物常被误认为是双壳类软体动物。壳是不对称的，背壳略浅，腹壳略长呈喙状，柄从腹壳开口处伸出。如果你打开一个腕足类的壳，会发现壳内几乎所有的空间都被一对长长的螺旋形"腕"占据，因此绝不会将它与其他生物混淆。这对腕形成触手冠，其上密布长触手，触手上是具纤毛的上皮细胞。纤毛摆动形成持续的水流，穿过双壳间的小间隙进入壳内，随之带进食物和氧气。腕足动物以小浮游动物和悬浮在水中的有机碎屑为食。壳内表面有一层外套膜，上面常常长有细小的刚毛，沿着壳的边缘分布。这些刚毛能够阻止水中巨大的悬浮颗粒进入壳内。腕足动物的身体和它紧密排列的器官位于壳的后部，触手冠的后面。

腕足动物曾因多样性丰富且分布广泛，成为宝贵的化石。残留的壳可用以鉴定所处岩石的地质年龄。许多腕足动物种类曾生活在北方海的大部分海域，有一些现在仍旧存在。在位于数米到 1 500 米深的任何坚硬物体的表面上都可见到它们的身影。它们是某些区域的优势种，能够形成密度高达每平方米 3 000 个个体的巨大群体！然而，这种情况极其少有，通常它们的密度仅有每平方米数个至数十个。

*Hemithiris*属
Hemithiris psittacea

腕足动物门（Brachiopoda）

小吻贝纲（Rhynchonellata）

Rhynchonellida目

Hemithirididae科

Hemithiris psittacea Gmelin, 1791

Hemithiris psittacea 是一种北极海域极为普遍的腕足动物。它生活在位于水深 5~1 100 米的坚硬物体表面上。这些动物个体非常小：扁平、紫灰色的壳长度鲜有超过 2.5 厘米，用于固着的柄状足最长约 1 厘米。尽管它们的身体很小，但是腕却长达 10 厘米！腕在壳内呈螺旋状，朝向背壳卷曲成一个大圆锥，从不伸展至全长。腕上的触手具纤毛，驱动水流进入壳内并根据粒径过滤颗粒。合适的食物会通过腕沟到达口部。H. psittacea 以浮游植物、浮游动物和各类悬浮有机颗粒为食。

尽管 H. psittacea 单生附着，往往也形成小群体，有时可以延伸至一大片区域。它们似乎倾向于附着在固体表面（如砂砾、大礁石或破碎的贝壳）和有水流经过的地方。源源不断的水流可以带来浮游生物，提供新鲜的食物来源。腕足动物是底栖生物群落中典型且数量丰富的类群，它们与双壳类软体动物、藤壶、海鞘均为滤食生物中的重要成员。

*Coptothyris*属
Coptothyris grayi

腕足动物门（Brachiopoda）
小吻贝纲（Rhynchonellata）
钻孔贝目（Terebratulida）
贯壳贝科（Terebrataliidae）
Coptothyris grayi Davidson, 1852

在 380 种现存腕足动物中，只有 17 种生活在俄罗斯海域，而其中一种已经被列入濒危物种的红色名单中，它就是 *Coptothyris grayi*。它也栖息于日本海的某些区域。这种腕足类外形确实是引人注目，它的壳上有标志性的棱纹，如果你在位于水深 2~20 米的岩石上认真查找，就可以看到这种美丽的腕足动物。甚至在 350 米深的水域也发现过它们的身影。*C. grayi* 的壳宽度可达 4 厘米，呈灰色、橙色或鲜红色，极易识别。

固着生物的幼虫通常营浮游生活，以使这个物种能够散布并栖息于广阔的区域。腕足动物也不例外，但是它们有独特之处。除了少数种类，腕足动物大都是雌雄异体的，能够进行体外受精。受精卵孵化出的幼虫寿命极短，仅能存活若干小时到 10~12 天，因此很难在浮游生物中找到它们。幼虫寿命极短，能够散布的区域十分有限，往往只能固着在亲体附近，使得同种腕足类的种群可以蔓延到一大片区域。条件适宜时，幼虫将牢牢固着在每一块石头上，甚至是成体的壳上。一个固着生活的幼虫已经具备壳、柄和外套膜，因此，发育为成体的过程并不经历任何显著的变化。

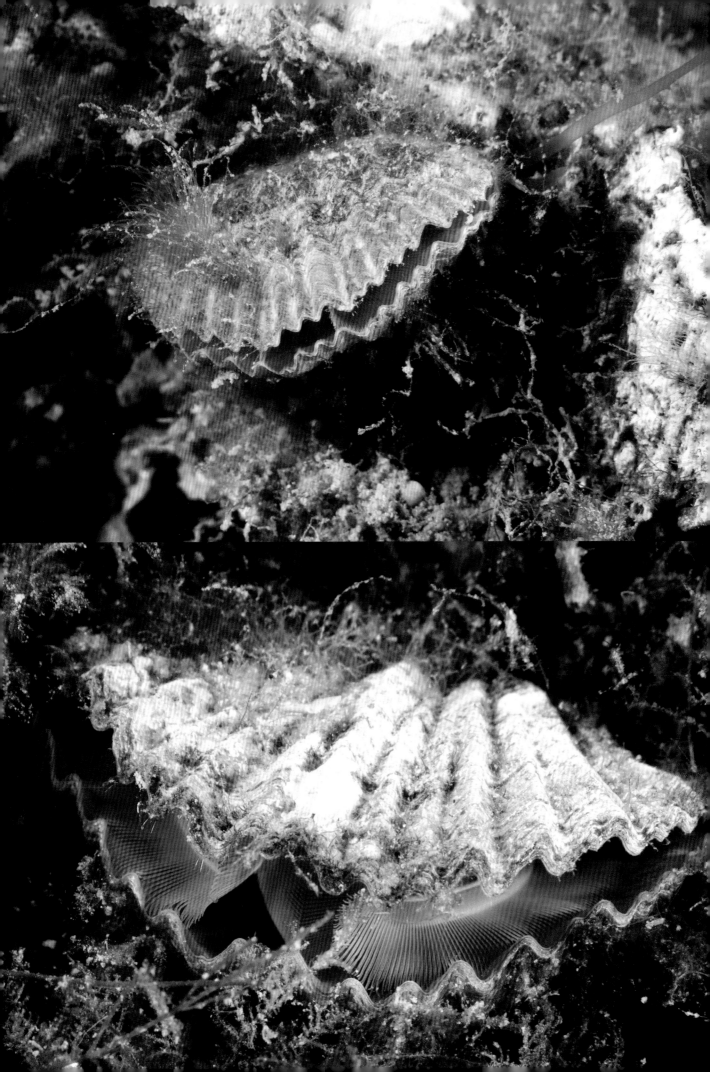

海绵
Sponges

当人们听到"海绵"这个词,便会想到遍布海底、黄色、软绵绵的"浴球"。事实上,海绵多样性丰富,有些种类十分罕见,必须咨询专业人士或参考专业书籍和图集才能将某些种类准确鉴定为海绵。大部分海绵是海洋多细胞动物,没有肌肉、神经和消化系统。它们也没有真正的组织,身体由多层细胞组成,体表具许多小孔,还有特殊的水管沟系。两层细胞间的中胶层具有骨架元件称为骨针,同时具有蛋白质和矿物质(钙质或硅质)结构。骨针通常呈细小、多轴的针状,位于中胶层内侧,以保持整体坚挺。有些海绵,例如穿贝海绵(*Cliona patera*),骨架强度和密度很高,能够形成相当坚硬的结构。在海绵身体的上端有一个大出水孔。从进水小孔吸收的水由出水孔排出体外。许多海绵形成群体,群体具有数百个出水孔。迄今为止,科学家们已经描述了超过 8 000 种海绵。大部分海绵是滤食性的,通过水管系统滤水,而有些种类是捕食性的,以中型动物为食。但是,典型的海绵以微小浮游生物和悬浮有机颗粒物为食。

*Guancha*属
Guancha arnesenae

多孔动物门（Porifera）

钙质海绵纲（Calcarea）

钙质海绵目（Clathrinida）

钙质海绵科（Clathrinidae）

Guancha arnesenae Rapp, 2006

　　北方海有许许多多奇怪的海绵，其中有一种就是精美的 *Guancha arnesenae*。这种海绵身体极小，由许多直径为 0.5 毫米的管状结构缠绕而成，具有一个出水孔，将已过滤的水排出体外。这个微小的、精雕细琢的球大小不超过 1 厘米。它固着在 12~20 米水深处的石头上，仅能在一些特殊的生境中找到，如水流平缓处。它的身体十分脆弱，强水流会将其从固着物上剥离下来。如果被潜水员的脚蹼不慎划到，或用厚潜水手套采集，对这种海绵来说都是致命的伤害。因此，如果你恰巧在潜水时看到 *G. arnesenae*，请一定小心。

多鞭海绵属
Polymastia
北极多鞭海绵
Polymastia arctica

多孔动物门（Porifera）

寻常海绵纲（Demospongiae）

多鞭海绵目（Polymastiida）

多鞭海绵科（Polymastiidae）

北极多鞭海绵（*Polymastia arctica* Merejkowsky, 1878）

在北极海域，另一种不同寻常的海绵便是北极多鞭海绵。这种海绵小且扁平，有许多宽的尖状突出物，称为乳突。成片的北极多鞭海绵群落常见于15~20米水深处的岩石上，或与坚硬的固着物共同埋在海床里。在这种情况下，它的乳突只有若干厘米从海床伸出，看起来十分怪异。尽管它外形另类，北极多鞭海绵的生活习性与其他海绵并没太大差异：都是固着在某处，从水中滤食微小的浮游生物，慢慢地生长、繁殖。除了有性生殖，多鞭海绵也能进行出芽无性生殖。芽体长在乳突末梢，成熟后离开母体，落到某处便固着到基质上，形成一个全新的"带刺的枕头"。

固着多毛类

Sedentary polychaetes

谈到蠕虫，人们通常会想到蚯蚓或者在恐怖电影中看到的丑陋、蠕动的一堆虫子。但是，在自然界中，蠕虫多样性极高且其中一些有着独特的美。它们大部分是多毛类，或称毛足虫。多毛类是环节动物门中种类十分丰富的一个纲，有超过 13 000 个种类，各种间的解剖结构差别明显。它们主要生活在海洋中，从潮间带到数千米深的黑暗深海，在世界大洋的各个深度广泛分布。它们主要生活在海床上，但也有营浮游生活的。多毛类与其他蠕虫的主要区别是它们具有发达的附肢，称为疣足。多毛类的每一个体节上都有疣足，且具有几丁质的刚毛。它们身体前端的口前叶和后端的腹部的解剖结构以及复杂的摄食器官都与其他蠕虫有区别。这类动物有非常特别的摄食、运动和生活方式，数量庞大，种类繁多。有些看似中国传说中的海龙，有些则看似奇特的花朵。有些只栖息在死后沉入海底的鲸骨架内，有些则穴居在海底，利用巨大的颚捕捉小鱼并将它们拽入地下。多毛类大小各异，从肉眼不可见的微小虫子到三米长的巨虫（*Eunice*

aphroditois），想将它们一一列举可并非易事！

多毛类有两种生活方式：营浮游生活和固着生活。营固着生活的类群是底栖生物群落的重要组成部分，它们皮肤上通常覆盖腺细胞，具有分泌功能。分泌物用以形成具有保护功能的管状结构，称为栖管，其成分或是完全有机的，或是再以一层厚厚的碳酸钙加固，十分结实。栖管通常紧紧地附着在岩石或软体动物的壳上。固着生活的多毛类几乎从不离开它们的栖管，只有身体前部相对较大的鳃冠从管中伸出。这些鳃用于呼吸和获取食物。一些种类的长触手有时也会从管中伸出，展开以收集距离较远的食物。鳃冠通常颜色鲜艳且形状规则，不同种类各不相同，使得多毛类看起来仿佛海床上的花朵。许多多毛类的鳃外侧有多个眼睛，捕食者或好奇的潜水员靠近时，它们便快速缩进管中。有些种类在管口甚至有一个坚硬的覆盖物，称为厣，由触手变形而成。多毛类利用这个盖子结实地堵住管子的入口，更有效地自我保护。

伪刺缨虫属
Pseudopotamilla
肾伪刺缨虫
Pseudopotamilla reniformis

环节动物门（Annelida）

多毛纲（Polychaeta）

缨鳃虫目（Sabellida）

缨鳃虫科（Sabellidae）

肾伪刺缨虫（*Pseudopotamilla reniformis* Bruguière, 1789）

　　肾伪刺缨虫是冷水海域最典型的固着多毛类，大小能达到 7 厘米，建造很长且有弹性的皮质管状外壳，上有细小的砂砾。它们常见于浅水区的大石头上或硬质海床上，能够覆盖整块石头，形成一片巨大的群体，仿佛许许多多的管子交织在一起，末端均匀地伸出。这些多毛类群体密度可高达每平方米 1 000 个个体。每个个体的小鳃冠从栖管中伸出，鳃冠的颜色使它们附着石头呈现淡淡的红色和白色，远看就像一个个柔软的枕头。水流使鳃冠整齐、轻柔地摇摆时，它们看起来完全不像一群蠕虫，而像一只蜷缩在海底、毛茸茸的大个动物。你需要游的很近才能看清它们美丽的样子。但是，你得有耐心，因为肾伪刺缨虫的鳃冠上有眼，一旦有东西靠近便躲藏起来。柔软的管子的一端折叠，像牙膏管一样卷起，完全与外部隔离。大约五分钟后，当周围恢复平静，多毛类会小心翼翼地再次出现，缓缓打开鳃冠继续摄食。

　　肾伪刺缨虫是滤食动物，以有机碎屑和小浮游生物为食。鳃冠不仅用来呼吸，也用来捕捉食物颗粒。鳃丝上细小的突起是鳃羽枝，上面布满纤毛，纤毛的摆动使水流向中央集中。当颗粒卡在鳃羽枝表面时，会有一波黏液将它们送入口中。在鳃丝基部根据粒径和可食性分拣颗粒。小而美味的颗粒将被直接送到口中，中等质量的颗粒则被用于装饰栖管，而毫无用处的大颗粒则随水流排出。有趣的是，这个种类是无性繁殖的：身体后端断裂为若干部分。最终，每一部分长出各自的头部和栖管。这也部分地解释了为何它们的种群密度之高且群体中的个体错综缠绕。

管缨虫属

Chone

Chone infundibuliformis

环节动物门（Annelida）

多毛纲（Polychaeta）

缨鳃虫目（Sabellida）

缨鳃虫科（Sabellidae）

Chone infundibuliformis Krøyer, 1856）

管缨虫 *Chone infundibuliformis* 是一种固着多毛类。它鲜艳的色彩装点着冰冷、缺乏生气的泥沙质海底。它通常生活在浅水区，能建造长达 16 厘米的皮质栖管并把它埋进柔软的海底。尽管极少露出地面，但当鳃冠从柔软的栖管顶端伸展开时，内部形成细细的光圈，看起来像一个 4~5 厘米高的红色羽毛漏斗，十分醒目。与其他缨鳃虫科生物相同，*C. infundibuliformis* 也用鳃冠呼吸和摄食，捕捉掉落的有机颗粒并滤食小浮游生物。所有的食物颗粒都沿着鳃丝的中央沟滚落至漏斗的中部。它口触手非常灵活，能够卷起食物、送入口中并扔掉无机废物。

如果一种生物伸展出纤柔、看似美味的鳃，那一定是做好了充分的准备，在遇到贪婪的捕食者时保护好自己。*C. infundibuliformis* 便是如此，遇到危险时，立即将鳃折叠并收入管中，以此自我保护。它们动作十分迅速，使得捕食者几乎不可能抓住它。这些躲藏高手甚至不在沙地上留任何痕迹，因此对潜水者来说，近距离观察它是个巨大的挑战，哪怕在离它一米的位置它都能快速察觉到。有时你会遇到一大片被 *C. infundibuliformis* 覆盖的海床，看起来像极了一片盛放的红色罂粟花。但是，即便只有一只管缨虫受到了惊吓，一整片都会连锁反应地收起它们的鳃冠，就在你眼皮底下留下一片空空的沙地。

龙介虫属

Serpula

Serpula uschakovi

环节动物门（Annelida）

多毛纲（Polychaeta）

缨鳃虫目（Sabellida）

龙介虫科（Serpulidae）

Serpula uschakovi Kupriyanova, 1999

龙介虫 *Serpula uschakovi* 是一种色彩丰富，像花一样的多毛类，生活在俄罗斯的远东海域。它栖息在巨大、螺旋扭曲的钙质管内，牢牢地固着在石头上。*S. uschakovi* 最长可达 12 厘米，有一个巨大的、鲜艳的鳃冠。鳃冠其中的一个鳃丝进化为厴——一个圆锥形的盖子，形似铃铛。鳃冠分为两半，两部分对称地相向螺旋，用来呼吸和摄食。*S. uschakovi* 利用鳃冠捕捉食物颗粒，从水流中过滤获得微藻和悬浮有机物。*S. uschakovi* 是一种非常害羞的生物，即便是很小的一点阴影都会使它们立即缩进管里，用坚硬的厴紧紧地堵住入口。但是，在夜间当它们的眼对光线变化不那么敏感的时候，接近它们是很容易的。螃蟹、鱼类和一些海星捕食龙介虫柔软、多肉的鳃。如果一只龙介虫不小心被咬掉了鳃冠，对它们来说并无大碍，因为新的鳃冠会很快再长出来。

S. uschakovi 既能单生也能群生，群生会形成一大片漂亮的花海。它们的鳃冠有亮黄色、红色、橙色、白色或其他类似的颜色。看它们集体躲藏是件很神奇的事，一片色彩鲜艳的花海瞬间变成毫无生气的海床，几分钟后又再次盛放。

头蛰虫属

Neoamphitrite

Neoamphitrite figulus

环节动物门（Annelida）

多毛纲（Polychaeta）

蛰龙介虫目（Terebellida）

蛰龙介虫科（Terebellidae）

Neoamphitrite figulus(dalyell, 1853)

　　头蛰虫*Neoamphitrite figulus*是另一种固着多毛类，属于蛰龙介虫科。这类生物也被称为"意大利面蠕虫"，因为它们的触手形似长长的面条，伸出时可远超过体长。*N. figulus*是一种冷水水域最为常见的蛰龙介虫之一，它生活在浅水及350米以浅的水域。它能长到20厘米长，而触手可伸长至60~80厘米。事实上，你从水面上能看到的仅是其半透明的长触手，向四周伸展。身体的其他部分则在细长的皮质栖管内，埋在泥质或粉砂质的海床里。它利用触手收集海床表面的有机碎屑，并以之为食。每条触手都有一条特殊的摄食沟，上面布满了纤毛和黏液，能将细小的食物颗粒送往口里。当食物颗粒较大时，触手会将其抓住、收缩，并拉进口中。当危险来临，所有的触手迅速收回栖管中，仅在海床上留下一个小孔。虫体躲藏在管的最里面，这对它来说是世界上最安全的地方。捕捉一只*N. figulus*绝非易事，你得小心翼翼地深挖。*N. figulus*并没有眼，因为它的栖管深埋在泥里，不需要用眼来观察周围环境。它也没有鳃冠，在身体背侧前部有薄壁的鳃枝，看起来像小树。*N. figulus*利用这些鳃枝呼吸，有时鳃枝伸出管外以接触新鲜、富氧的海水。

甲壳动物

Crustaceans

甲壳动物多样性极高且分布极为广泛。很难想象海洋中没有它们会是怎样。这一类群包括营浮游生活的小甲壳动物，它们是浮游动物的重要组成部分，还包括了无数端足类、蟹、虾、糠虾、磷虾和许许多多其他种类。已知的甲壳动物超过 73 000 种，而且研究者们每年会发现几十甚至数百个新种。甚至有一个独立的学科专门研究这类生物——甲壳动物学。几乎所有的甲壳动物都是自由游泳或爬行的，但是也有固着生活的，例如藤壶，包括圆锥藤壶和鹅颈藤壶等。圆锥藤壶（*Balanus* 属）是许多北方海域的典型生物。甲壳动物除了像藤壶这样牢牢的固着生活，还有许多"定居生活"的方式，除非被海流带走，否则它们只能生活在很小的区域内，几乎从不远游。这其中就包括麦秆虫（*Caprella*，又名骷髅虾），杜利钩虾（*Dulichia*），赢蜚（*Corophium*，能够建造自己的住屋），埃蜚（*Erichthonius*）和其他一些甲壳动物。

甲壳动物属于节肢动物门，有坚硬的外壳（外骨骼）。这限制了它们的生长，因此甲壳动物蜕皮，外骨骼脱落，在它们的身体柔软而有弹性的时候生长。最终外骨骼再次变硬，变得坚固，起到保护作用，使甲壳动物能够自如地生活。蜕皮一直持续至甲壳动物长到它的最终大小，不再继续生长。外骨骼脱落时，正是它最容易受到捕食者攻击的时候。因此它们试图在隐蔽的地方蜕皮，例如石头间狭窄的缝隙，这样捕食者很难靠近。固着生活的甲壳动物并没有这个问题，因为有一个结实的钙质壳包裹、保护着它们的身体。蜕皮时，它们将旧壳从壳口扔出。

藤壶属

Balanus

Balanus balanus

节肢动物门（Arthropoda）

六肢幼虫纲（Hexanauplia）

无柄目（Sessilia）

藤壶科（Balanidae）

Balanus balanus Linnaeus, 1758

　　藤壶属（*Balanus*）生物是一类非常典型的藤壶科甲壳动物，俗称"圆锥藤壶"，营固着生活，外壳像房子一样。*B . balanus* 只有无节幼虫阶段能自由游动，以扩张种群。一旦定居下来，藤壶的幼体就立即在身体周围建造一所钙质的"房子"并安上一个"滑门"。它们灰白色的外壳呈锥形，随处可见。藤壶能够覆盖在水下的一切物体表面：石头、软体动物壳、船底和桥墩。它们甚至可以固着在游动缓慢的鱼和海洋哺乳动物身上。藤壶生活在钙质房内，背部朝下，偶尔将长长的蔓足从壳盖处伸出。它有节律地摆动蔓足，将水和水中的食物颗粒带到房内。如果有强水流，藤壶则将蔓足迎着水流伸出，像扇子一样。最终，它将蔓足收回房内，蔓足上密布刚毛，它们便收集并吃掉所有粘在刚毛间的东西。

　　藤壶的一些解剖结构值得特别关注。尽管它们身体的总长约 1~1.5 厘米，但生殖器官可长达 5 厘米，呈螺旋状卷曲在壳中。对于固着生活的甲壳动物来说，生殖器官需要达到这个长度才能接触到临近的同伴。藤壶是雌雄同体，如果无法接触到临近的同伴，便丧失了受精的机会。因此它们通常相互间紧挨着固着在一起，利用这种伸长生殖器的方式进行异体受精。当一平方米内有许许多多藤壶时，看起来十分壮观：水流快速流过，它们以每秒数十次，甚至数百次的频率拍动着小"手臂"，滤食水流中的悬浮有机颗粒和浮游生物。当藤壶受到惊吓，会立即藏起它的蔓足，紧闭外壳。它们能保持这样的状态相当长时间。例如，海边的藤壶能在低潮缺水状态下坚持 5~6 小时，将自己紧紧地锁在小房子里。

埃蜚属
Ericthonius
Ericthonius difformis

节肢动物门（Arthropoda）
软甲纲（Malacostraca）
端足目（Amphipoda）
壮角钩虾科（Ischyroceridae）
Ericthonius difformis Milne Edwards, 1830

　　埃蜚是北方海极为常见的一类小型甲壳动物。它们足部特殊的腺体能够分泌一种黏液将泥沙和细沙胶黏在一起形成管状"住屋"。它们总是聚集成小群体，将小住屋固着在水螅或藻类的柄上。埃蜚不同个体的住屋紧密相连，最终形成一个悬挂于固着基质上的"建筑群"，看起来就像一团不起眼的泥土底座上伸出一些细小的甲壳动物。目前我们对埃蜚的行为和社交生活知之甚少，只能基于相似种类的现有数据进行推测，并根据水下观测的结果进行调整。这些甲壳动物进行体内受精，它们平时并不需要常常社交，几乎从不离开它们的住屋，但交配时需要从管状住屋里出来。繁殖季，雄性离开住屋向雌性移动。它们很少与同一只异性待很长时间，在雌性蜕皮和交配后（甲壳动物只在雌性蜕皮后交配），它们便前往下一个住屋。一段时间后，细小的幼虫便诞生了，并在管内安全的地方生长。直到幼体长至足够强壮后，它们才开始独立生活。埃蜚生活在 10~15 米至 200 米水深处，但有些种类曾在更深的水域被发现，如 695 米。

壮足钩虾属
Dyopedos

Dyopedos bispinis

节肢动物门（Arthropoda）

软甲纲（Malacostraca）

端足目（Amphipoda）

地钩虾科（Podoceridae）

Dyopedos bispinis Gurjanova, 1930

壮足钩虾是一类小型甲壳动物，可谓是改变水下景观的建筑师。它们的生活习性与端足类其他生物大不相同，如麦秆虫。壮足钩虾栖息在自己建造的长杆上。长杆由细微的无机颗粒及排泄物粘黏而成，有时长度是其体长的几十倍。在海床上，麦秆虫及其他生物都能轻而易举地碾碎壮足钩虾，因此，它们爬上长杆不仅能远离底栖捕食者，也能进入没有食物竞争的空间。壮足钩虾利用巨大、覆盖着长刚毛的触角捕获水中悬浮的有机物。有趣的是，一根长杆上能聚集一大群壮足钩虾，但是它们不一定是有亲缘关系的"一家人"或真正住在一起。它们能从一根杆子跳到另一根，并与企图抢占最佳栖所的同类搏斗。它们极其活跃的社交生活仍有待深入研究。壮足钩虾在固体基质上建造杆子，通常是石头，但也会固着在软体动物的壳、水螅、海鞘和其他海洋生物上。在某些地方，壮足钩虾的固着密度相当惊人，高达每平方米 10 000 只。也就是说，一块大石头上能有数百甚至数千根长杆，仿佛一个高楼林立的大都市。多个世代的壮足钩虾共同栖息在长杆上：非常细小的幼体，有时处于不同发育阶段的幼体与成体共同栖息在同一根杆上。雄体和雌体的大小均为 4~5 毫米。雄性有一个非常重要的特征：它们的足更长且螯更大，用来握住雌性和与其他雄性搏斗。通常在每一根杆上只有一只雄体。但是有时，你能遇到一根特别长的杆栖息着多达 20 只挂卵雌体和 5 只雄体。可能这是它们的水下俱乐部吧！

*Dulichia*属
Dulichia spinosissima

节肢动物门（Arthropoda）

软甲纲（Malacostraca）

端足目（Amphipoda）

杜利钩虾科（Dulichiidae）

Dulichia spinosissima Krøyer, 1845

　　Dulichia spinosissima，是一种体型较大的深水甲壳动物，属于杜利钩虾科，有着非常独特的外形。它身体细长有棱角，有巨大的触角，胸节上有三对细长的足，称为胸足。杜利钩虾生活在25米以浅的水域。与它们的近缘生物壮足钩虾（*Dyopedos*，见156页）相似，它们也建造长杆状的栖所，但杜利钩虾的杆更长更坚固。除此之外，它们也固着在死亡的海藻上，水螅的螅茎上，如筒螅（*Tubularia*），或者海绵和海鞘的顶端。它们的生活习性与壮足钩虾非常相似，利用触角过滤悬浮有机碎屑或悬浮物（包括小型浮游生物、悬浮有机及无机颗粒物）。杜利钩虾的聚居地不像壮足钩虾那样密集，但是能发现这两种生物在一处，时常企图占领对方的长栖息杆。但是，对方的杆真的不适合自己的大小！

麦秆虫属
Caprella
骷髅虾
Caprella septentrionalis

节肢动物门（Arthropoda）

软甲纲（Malacostraca）

端足目（Amphipoda）

麦秆虫科（Caprellidae）

Caprella septentrionalis Krøyer, 1838

　　麦秆虫，或称骷髅虾，是一种不寻常的底栖生物。它的身体柔弱、细长，有几对特化、巨大的附肢。三对钩状的后肢使它能够巧妙地附着到任何物体上，如藻类或海绵。它将具有巨大螯的前肢向各个方向伸展，以收集食物。麦秆虫有两种摄食方式：捕食漂浮经过的浮游生物或刮食触角上的有机物。麦秆虫的两对触角上具有长而硬的刚毛刷，刮食时它们用螯刮下粘在刚毛刷上的有机物。麦秆虫通常栖息在有强水流的地方，它迎着水流的方向，伸出触角和足。触角上的刚毛刷像一个网，任何可食和不可食的东西都会被困于网中。当触角"满载"难以再抓住其他东西时，麦秆虫会弯曲，分别用大螯和小螯从大触角和小触角上刮下颗粒物。

　　在某些季节，麦秆虫大量繁殖以至于覆盖一整片海床、所有海绵和藻类的表面。当潜水员拍照时，它们甚至企图覆盖在潜水员的整件潜水服上。大量的麦秆虫一直不停地运动，有时同步有时不同步。它们弯曲，从触角上刮食，打架，从一处跳到另一处。在这个时候，海床看起来就像一个巨大的"蚁丘"，上面爬满了麦秆虫。

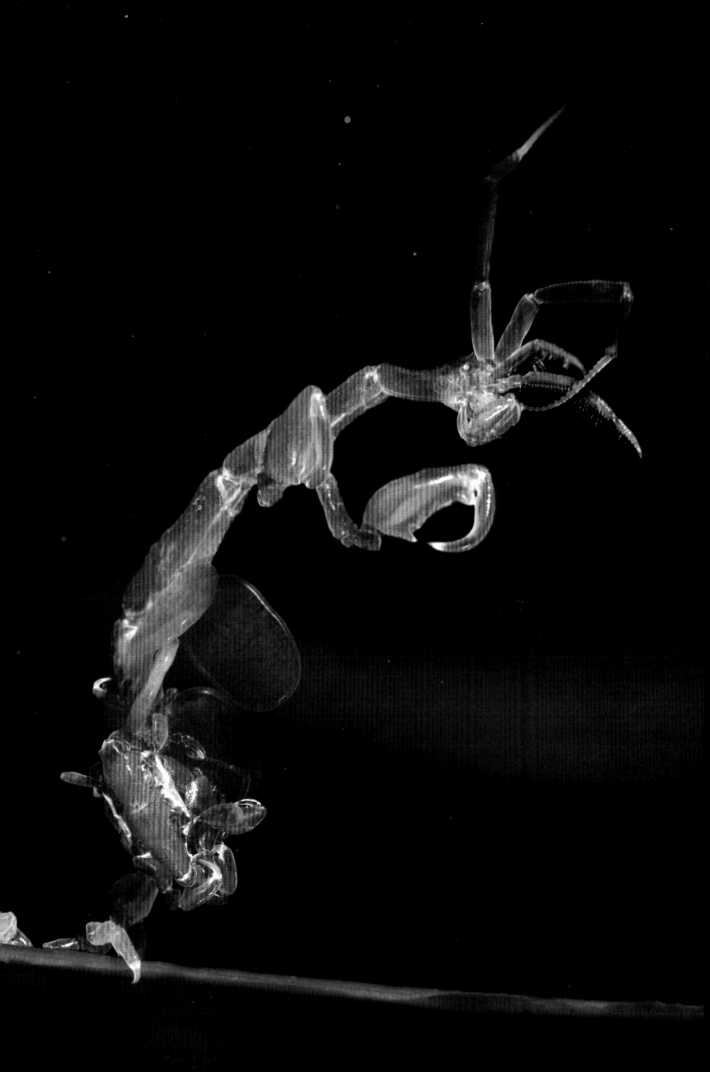

第三章

游移生物

WANDERERS

夜以继日地活动

海底除了形态各异的固着生物，还有成百上千、各种各样的生物在海床上漫步，寻找食物、配偶和适宜、安全的栖身之所。它们有的穴居或住在石头下，在栖所周围游走，有的则不断地在旅行，能去到很远的地方。有的一天只能爬行几厘米，而有的则能游走数十千米。任何新的食物来源，哪怕是落到海床上的死鱼，都会立即吸引来若干种食腐动物。游走生物往往会将鲸的残骸完全占领，以其为食，形成整个聚居地，俨然一片生命的乐土。这样临时的聚居地能够维持数月，在深海甚至能长达数十年。海床上的食物竞争持续不断，形成了复杂的食物链，从浮游植物开始，到哺乳类捕食者和人类结束。每个食物链中间环节的生物，一方面以其他生物为食，另一方面要提防被更高营养级的生物捕食。然而，有时这一切并不顺利，有些被捕食者吃掉，另一些则由于缺乏充足的食物无法生存和繁殖。在成熟的生态系统中，不同种间的食物关系是相对平衡的，有时根据环境条件，会有小范围的波动。例如，在某些年份，裸鳃类在海床上大量繁殖，捕食更多的水螅。而在其他年份，也许是海星大量增殖，毁掉贻贝种群。尽管各类生物在平衡中共存，但任何底栖群落都随着时间发生变化，也许是数月，也许是数百年。而且，每一个生物都会影响着整个海洋。底栖生物群落是一个巨大的世界，大小各异、林林总总的生物在这个世界里摄食、保卫、猎捕、竞争和生存。这个海底世界充满了令人惊奇、不同寻常且精彩绝妙的动物，它们不断爬行、攀登、挖掘和漂浮。科学家需要相当长的时间找到并深入研究这其中的每一种生物。

石鳖

Chitons

多板纲动物，俗称石鳖，壳似铠甲，是软体动物门中最小的纲之一，包括约 1 000 个种类。这类海洋生物非常古老，约 4 亿年前它们便生活在地球上，远早于恐龙的出现。如今，它们遍布全球海洋，从潮间带到 2 500 米的深海。栖息于潮间带的种类通常比深海种个体大许多。石鳖的背部是流线型的壳板，成分主要为致密钙质。多片壳板像瓦片一样交叠排列，紧密相连，是石鳖有力且灵活的保护壳。有趣的是，壳板像树一样形成年轮，因此能从壳板轻松判断出石鳖的年龄。石鳖平均寿命 8 年或 9 年，还有极少数能达到 12 年。由于它们的生活方式并不活跃，石鳖的感觉器官并不发达：与其他软体动物不同，它们没有平衡器官，口中有味觉感受器，用以判断颗粒食物的可食性，在肛门附近有嗅觉器官。石鳖也有眼，位于壳边缘，其一生中不断形成眼，一只石鳖可能有一千多只眼。科学家们尚未能解释为何石鳖如此热衷于生成这么多眼睛！

石鳖在石头上缓慢爬行，从石头表面刮食各类可食的颗粒。它们主要是植食性的：红藻、褐藻、绿藻和硅藻。然而，有些种类的食物组成更为多样，包括海绵和有孔虫。与所有软体动物相同，石鳖的咽部有特殊的几丁质研磨器，称为齿舌。齿舌用来从物体表面刮取食物并将其碾成柔软的酱。

*Tonicella*属
Tonicella marmorea

软体动物门（Mollusca）

多板纲（Polyplacophora）

石鳖目（Chitonida）

鬃毛石鳖科（Mopaliidae）

Tonicella marmorea O. Fabricius, 1780

　　冷水海域栖息着多个石鳖种类，其中色彩最鲜艳的当属大理石石鳖，学名 *Tonicella marmorea*。它的壳上覆盖着棕红色、深色和白色的斑点和条纹，形成独特的大理石花纹。这类石鳖的花色十分多样，几乎找不到两个完全相同的个体。石鳖的足强劲有力，能使它们牢固地吸附在任何光滑表面上，且极难被剥离下来。一旦被剥离，石鳖便将自身卷曲成环状，用壳板保护腹部。它们常见于3~20米水深处，固着生长在石头表面或藻类叶状体上，有时藏在海带的假根中。*T. marmorea* 用齿舌刮食壳藻（附着在基质上的藻类，呈壳状）。齿舌从口中伸出，抓住食物并拉入口中，在口中将食物碾成细小的颗粒。石鳖具有特殊的腺体，能帮助它们将淀粉转化为其他糖类，以此消化植物类食物。

　　石鳖为雌雄异体，能够进行体外受精。在夏季当水温高于 8~10℃时，它们开始繁殖。大量卵子和精子被排放到水中，受精作用便在水中进行。随后，微小的担轮幼虫从受精卵中孵化出，营浮游生活。担轮幼虫是软体动物、多毛类和其他一些无脊椎动物类群典型的幼虫类型。虫体腹面有一个芽，后期将发育为幼虫的足。芽体形似一个小突出物，具有细小的纤毛。虫体背面有许多凹陷，之后将发育为壳板。担轮幼虫利用纤毛环游动，在水柱中浮游生活直至背面的壳板生成。随后，它便固着到海床上，生长为成体。与其他软体动物不同的是，石鳖的发育并不经历面盘幼虫阶段。

裸鳃类

Nudibranchs

裸鳃类与蜗牛是近缘生物，同属软体动物门腹足纲。但裸鳃类是腹足纲中一个独立的类群，多样性极高，且特征明显，例如它们并没有外壳。裸鳃类遍布全球海洋，迄今已知种类约有 3 000 种，科学家们每年都会发现一些新种。但对于冷水裸鳃类的研究仍很匮乏，亟待对种类及其生活方式进行描述和研究。然而，即便是已知的种类也极其多样，难以选出一种典型的裸鳃类代表种，因为每个种类的色彩、解剖结构和生态学特征都大不相同。尽管多样性极高，根据解剖结构，裸鳃类可被分为两大类：海牛和蓑海牛。前者在背部有鳃，呈分枝状或呈一束紧致的羽毛状，这一类群中的几乎所有种类都能在遇到危险时将鳃收缩并隐藏，为此有些种类具有特殊的囊专门用于藏起收缩的鳃。而蓑海牛没有鳃，利用身体背部无数的乳突或背角呼吸，这些突起或直立或呈分枝状，在某些种类中也能被隐藏或用于自我保护。乳突是背部的突起，形似长长的手指。尖锐的背角中含有肝盲囊，即消化系统的分枝。背角的形状往往与裸鳃类栖息的藻类或珊瑚的形状极为相似，因此极易混淆或忽视。有些裸鳃类是真正的伪装高手，而另一些则有着极为鲜亮、醒目的颜色。有时鲜明的色彩恰恰是对敌人的警告

和震慑。有的裸鳃类分泌有毒黏液，有的则"窃取"其他动物的"武器"，例如被捕食的刺胞动物的刺细胞。令人惊奇的是，与裸鳃类共同生活于底栖生物群落中的其他生物，如扁虫、虾甚至是端足类常常会模仿裸鳃类的颜色、运动方式和身形，但并无刺细胞或毒液。

除了海牛和蓑海牛，裸鳃类还有若干其他类群，例如 dendronotids，具有树状分枝的突起，而不是规整的乳突。不论是哪个类群，所有的裸鳃类都和绝大部分腹足纲生物相同，具有强劲有力的爬行足和几丁质的齿舌。齿舌能将十分坚硬的食物研磨成容易消化的酱。除了极少数例外，裸鳃类还有一个独一无二的特征，即头上有几条到几十条触手。在某些种类中，这些触手生长在一起形成一个宽大的口帆。它们还有一对特化的触手，称为鼻通气管。鼻通气管是非常灵敏的化学感应器官，兼具味觉和嗅觉的功能，能够捕捉来自食物、配偶或捕食者极细微的化学信号。尽管裸鳃类行动极为缓慢，但它们的一生基本都在运动，不断地寻找食物、配偶或适宜的孵化地点。

扇鳃属
Flabellina
Flabellina verrucosa

软体动物门（Mollusca）
腹足纲（Gastropoda）
裸腮目（Nudibranchia）
扇鳃科（Flabellinidae）
Flabellina verrucosa M. Sars, 1829

扇鳃 *Flabellina verrucosa* 是白海分布最为广泛且常见的裸鳃类。它们喜欢栖息在浅水海域，从沿海的潮间带到 20~25 米水深处，以水螅为食，因此通常能在水螅群附近发现它们的踪迹。有时巨大的水螅群上能同时栖息数十只扇鳃！*F. verrucosa* 也以其他刺胞动物为食，例如十字水母或小海葵。通常在水母繁殖季结束后，大量死亡水母沉入海底，便成了扇鳃的食物。

F. verrucosa 进化形成了有趣独特的自卫方式。这种方式与它们最爱的猎物直接相关。当捕食各类刺胞动物时，它们并不消化刺细胞，相反，它们将这些刺细胞完好地保留并运送到乳突的末梢。在突起中，刺细胞与消化管特殊的延伸部——肝盲囊相连。突起的末梢呈现清晰的白色，是许多刺细胞聚集形成的刺胞囊。*F. verrucosa* 的背部布满了突起，因此，贪婪的捕食者企图攻击它时，会不可避免地触碰到这些突起，*F. verrucosa* 便立即射出数十个甚至数百个有毒刺丝。尽管捕食者并不会因此而丧生，但是短时间内无法发起第二次攻击。

与其他所有裸鳃类相同，*F. verrucosa* 也是雌雄同体，而且具有十分巧妙的繁殖方式。繁殖季到来时，交配的双方均为雄性。它们的生殖器位于身体右侧朝向内，交配时它们首先爬向对方，头部相对，随后伸出阴茎抓住配偶的生殖器并将生殖细胞传输至对方的受精囊。在它们分开后不久，雌性配子便成熟了，并发生受精作用。受精卵最终成熟后，*F. verrucosa* 便将其释放到礁石或海藻上，排列成一个精致的螺旋状。

扇鳃属
Flabellina

Flabellina nobilis

软体动物门（Mollusca）

腹足纲（Gastropoda）

裸腮目（Nudibranchia）

扇鳃科（Flabellinidae）

Flabellina nobilis A. E. Verrill, 1880

　　Flabellina nobilis 也是一种冷水扇鳃，更为稀少、美丽，生活在 20 米以深的水域。它通常栖息于柔软的淤泥或粉砂上。在巴伦支海，*F. nobilis* 占据了 *F. verrucosa*（见 172 页）的生境，你通常会在水螅群中发现它。这些扇鳃的身体更宽更有力，背部覆盖着厚厚的乳突，比其他任何种类的密度都要高许多。*F. nobilis* 有着比例完美的身形和色彩鲜亮的乳突，看起来总是十分优雅，它也因此而得名，种名"*nobilis*"，意为"高贵的"。除偶尔会遇到一些特别大的，它们通常个体不大，身体少有超过 3 厘米。与其他扇鳃种类相同，*F. nobilis* 也以水螅为食，尤其是巨大的筒螅，这使其与另一稀有扇鳃种类 *F. polaris* 间具有食物竞争。由于 *F. nobilis* 生活在深海中且运动相当缓慢，对于潜水员来说，观察它们的生活和摄食方式并非易事。因此，目前我们仍不完全了解它们的食性、行为习惯和生殖等细节。

扇鳃属
Flabellina
Flabellina polaris

软体动物门（Mollusca）

腹足纲（Gastropoda）

裸腮目（Nudibranchia）

扇鳃科（Flabellinidae）

Flabellina polaris Volodchenko, 1946

　　Flabellina polaris 是白海最大且最美的扇鳃种类之一，生活在温跃层以下、20 米以深的海域。这种裸鳃类非常稀少，2005 年才在白海首次被发现。这次发现纯属偶然，它出现在一张照片中。而且，*F. polaris* 个体首次被采集到，竟是因为被强海流从栖息地卷起，碰巧在潜水员身边漂过。*F. polaris* 以大型筒螅 *Tubularia indivisa* 为食，因此它们往往只出现在这些不寻常的水螅栖息地。首先，*F. polaris* 利用特殊的触手，即化学感应器官——鼻通气管在黑暗中找到筒螅。随后它爬上筒螅高高的螅茎，开始慢慢吃掉巨大、花朵般的水螅体。有时水螅体的大小可以达到 *F. polaris* 的数倍！在这种情况下，*F. polaris* 便逐个咬下筒螅的触手和形似成簇葡萄的生殖体。如果 *F. polaris* 足够大，它会慢慢伸展上唇裹住整个水螅个虫，将其缓缓吸入并用齿舌碾碎。最终，只剩下筒螅黄色的螅茎。过一段时间，芽体会在螅茎顶端生出，新的水螅开始生长。*F. polaris* 通常会将充满受精卵的卵带直接释放在筒螅螅茎上。它们这样做也许是为了下一代着想，*F. polaris* 幼体一出生便能"饭来张口"，不必在泥泞、崎岖的黑暗海床上爬行数千米寻找食物。

　　F. polaris 与其他扇鳃种类有诸多不同：它的乳突大且厚，但其中的肝盲囊细，呈亮红色，具有无数橙色、角状的鼻通气管。而且，与其他北方海域的扇鳃相比，*F. polaris* 真的是个大个头！

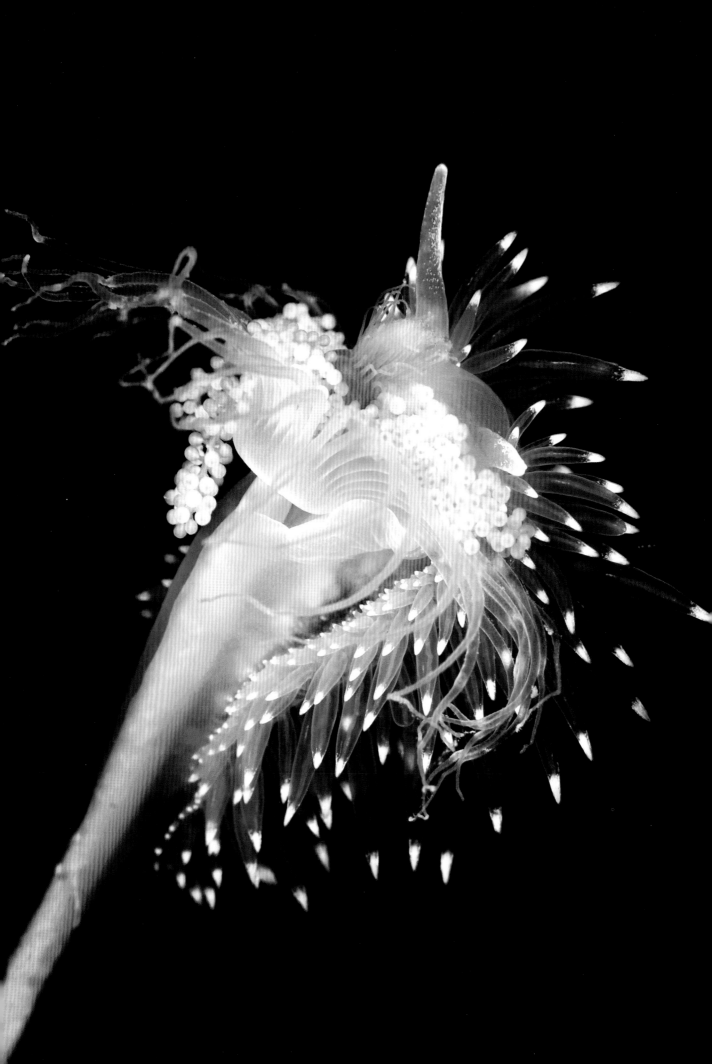

Hermissenda 属
Hermissenda crassicornis

软体动物门（Mollusca）

腹足纲（Gastropoda）

裸腮目（Nudibranchia）

多列鳃科（Facelinidae）

Hermissenda crassicornis Eschscholtz, 1831

    Hermissenda crassicornis 分布于俄罗斯远东海略微温暖的水域。这种美丽的裸鳃类色彩鲜艳且食欲极为旺盛，主要以水螅为食，偶尔也捕食海鞘群体、苔藓虫、多毛类、小型甲壳动物和各类动物尸体。它们也倾向于同类相食，袭击同种的其他个体。通常，它们对同类攻击性也极强，两只 *H. crassicornis* 相遇，极有可能打上一架。能够附着在对手一侧或尾部的即为胜者，而失败者便沦为对方的盘中餐，身体被坚硬的齿舌磨碎，一点点地被缓缓吸食。即便是处在战斗季节的 *H. crassicornis* 寿命也不超过一年，因此在相对短暂的寿命里，它们必须获取足量的食物并产卵。大量的卵排列成细丝，卷曲呈螺旋状附着在礁石上。每一团螺旋细丝包含几十个到一百万个卵子。受精卵成熟的时间与温度有关，通常需要 5~50 天。随后，面盘幼虫便孵化而出，营浮游生活相当长一段时间，至少三周。在某个时间，幼虫便下沉、固着在海床上，长为成体。

    许多生物学和医学研究领域也把 *H. crassicornis* 作为研究对象，用于软体动物生理学、学习能力和记忆力实验。

多蓑海牛属
Aeolidia

乳突多蓑海牛
Aeolidia papillosa

软体动物门（Mollusca）

腹足纲（Gastropoda）

裸鳃目（Nudibranchia）

蓑海牛科（Aeolidiidae）

乳突多蓑海牛（*Aeolidia papillosa* Linnaeus, 1761）

　　乳突多蓑海牛是一种体型较大，但不怎么显眼的裸鳃类，分布于大部分北方海域。成体长度可达12厘米，但是平均大小约4~7厘米。乳突多蓑海牛从潮间带到深达800米的海域均有分布。它们的身上布满了扁平的乳突，但颜色并不鲜亮，多为灰色、棕色和绿色，与周围的礁石、海床融为一体，十分不起眼，因此很难被发现。乳突多蓑海牛是吃海葵的高手，能够轻松吞下整只个体小的海葵，甚至是比自身大若干倍的巨大海葵，也不在话下。乳突多蓑海牛的体表覆盖着一层特殊的黏液，能够保护其不受海葵刺细胞的伤害。这种黏液特殊的化学成分能够随着被捕食海葵的种类而改变，以特异性抑制该种类刺细胞的活性。在进餐前，乳突多蓑海牛先用黏液包裹住海葵的柄，随后才开始一小块一小块地咬食。它们每天吃掉的食物重量超过自身体重一半。

　　它们在夏末繁殖，释放大量精美、粉色的受精卵，呈螺旋状排列。每个螺旋中包含了约一百万个受精卵。成熟的受精卵孵化成为浮游幼虫，经历面盘幼虫期后发育为成体。与扇鳃相似，乳突多蓑海牛具有一个特殊技能，即"窃取"海葵的刺细胞用以自我防御。

*Cuthona*属
Cuthona viridis

软体动物门（Mollusca）
腹足纲（Gastropoda）
裸腮目（Nudibranchia）
马蹄鳃科（Tergipedidae）
Cuthona viridis Forbes, 1840

　　尽管 *Cuthona viridis* 外形与扇鳃相似，但其个体较小，鲜有超过 15 毫米，且乳突整齐排成行，成体的乳突多达 9 排。它们分布于大西洋绝大部分北方海域和北冰洋的部分海域，生活在水深约 100 米处。*C. viridis* 具有独特的绿色或棕绿色的乳突，上面还有白色的色素点。它们通常就栖息在水螅上并以水螅为食。进食时，它们用巨大的颚咬食水螅，颚看起来就像身体前部的若干黑点。与扇鳃相似，*C. viridis* 能够"窃取"猎物（刺胞动物）的刺细胞，用以自我保护。任何密布着苔藓虫、海绵和水螅的岩石块都可能是几十只 *C. viridis* 的家园。尽管如此，想要在海床上找到一只 *C. viridis* 绝非易事，因为它们极为擅长将自己与环境完美地融合在一起。

*Dirona*属
Dirona pellucida

软体动物门（Mollusca）
腹足纲（Gastropoda）
裸腮目（Nudibranchia）
Dironidae科
Dirona pellucida Volodchenko, 1941

　　Dirona pellucida 是一种广泛分布于北太平洋的大型裸鳃类。个体长达 12 厘米，身体呈亮橙色，乳突宽且呈叶状，上面具有白色小点，因此在任何基质上都十分醒目。它们利用宽大的乳突进行呼吸，也用来抵御捕食者。当遇到危险时，它通过丢弃一个或多个乳突转移进攻者的注意力，然后逃脱。许多成体会因此缺失数十个乳突。许多天敌如甲壳动物、鸟类和大型鱼类以巨大、鲜艳且柔软的 *D. pellucida* 为食，天敌的种类因栖息地的不同而有很大差别。*D. pellucida* 自身实际上是无害的，以苔藓虫和水螅为食。它的一生基本上就是一段寻觅食物的漫漫旅程，沿着岩石爬行、寻找一个又一个苔藓虫群。在海边时常能看到它们在潮间带的水洼中或被水流带走。由于具有中性浮力，它们有时能脱离基质，随水流漂流至遥远的地方。

枝背海牛属

Dendronotus

Dendronotus frondosus

软体动物门（Mollusca）

腹足纲（Gastropoda）

裸鳃目（Nudibranchia）

枝背海牛科（Dendronotidae）

Dendronotus frondosus Ascanius, 1774

枝背海牛 *Dendronotus frondosus* 是一种广泛分布的冷水裸鳃类，其背部具有树枝状的突起，既是鳃，也是伪装。随着年龄增长，突起的数量增加，使其能躲藏在水螅丛中。即便被捕食者找到，这些突起使它的个体显得更大并对捕食者具有震慑作用。与其他许多裸鳃类相似，*D. frondosus* 运动十分缓慢，只能以一些无法逃脱的猎物为食。你通常会在浅水区发现大量慢慢吃着水螅的 *D. frondosus*。巨大的水螅群会长在海带或其他藻类上，也会长在许多人造结构的水下部分上，如桥墩、栈道、海洋平台和养殖网箱等。有时一个水螅群上会有几十只进食的 *D. frondosus*。

尽管 *D. frondosus* 只是一个单一的种类，颜色却十分多样。有的具有金色斑点，呈杂色或棕红色，有的呈红色、粉色或白色，花纹既有单色也有多色，有的看起来仿佛撒了金粉，还有的在树状突起的末梢呈雪白色。它们既能将鲜艳的色素遍布全身，也能完全透明。*D. frondosus* 的体色通常能与栖息地相匹配，得以"隐身"。背部的树状突起与周围环境的颜色相同，使其完美地伪装在水螅丛和藻类中。对于透明的个体来说，其体色则完全取决于近几日的食物组成。

*Tochuina*属
Tochuina tetraquetra

软体动物门（Mollusca）

腹足纲（Gastropoda）

裸腮目（Nudibranchia）

杜五海牛科（Tritoniidae）

Tochuina tetraquetra (Pallas, 1788)

Tochuina tetraquetra 是远东冷水海域极为典型的一种动物，是个体最大的裸鳃类，身长可达 30 厘米，体重达 1.5 千克！这种亮黄色的大家伙十分醒目，若不是亲眼所见，你很难想象软体动物可以如此之大。阿留申人和居住在千岛群岛的原住民捕食这种裸鳃类，煮熟食用或生吃。它的英文名仍沿用其传统名称"Tochni"。鸟类捕食 *T. tetraquetra* 时能将其从水中抓出，大型鱼类也喜欢以它为食。*T. tetraquetra* 自身则以固着生活的刺胞动物，例如软珊瑚、海鳃和柳珊瑚为食，它利用巨大的颚一片片咬食猎物，并用藏在咽中的齿舌将食物碾碎。

T. tetraquetra 个体巨大，也为科学研究提供了诸多便利。它的脑神经节巨大，是生理学和神经生物学极有价值的研究对象。尽管裸鳃类被捕获用于科学实验或食用，它们在海床某些区域的数量仍旧相当可观。每次潜水，都能轻松找到 6~8 只 *T. tetraquetra*，它们正悠闲地、津津有味地吃着软珊瑚。

Palio 属
Palio dubia

软体动物门（Mollusca）
腹足纲（Gastropoda）
裸腮目（Nudibranchia）
多角海牛科（Polyceridae）
Palio dubia M. Sars, 1829

　　Palio dubia 是一种体型较小但强壮的裸鳃类，栖息于冷水海域 10~100 米水深处，常见于成丛的苔虫（*Eucratea loricata*）中，*P. dubia* 正是以此为食。在一个巨大的长满各种生物的石块上，可能会有几十只 *P. dubia*。它们的大小鲜有超过 3 厘米，身体呈现特殊的橄榄色或棕色，能完美地"隐身"于海床上。因此，发现它们的几率很小，除非它们不经意爬到苔藓虫群体顶端或与其本身颜色反差较大的基质上。*P. dubia* 的背部有一个鳃冠，形成若干瓣状分枝，通过鳃冠细小的表面来呼吸。*P. dubia* 的主要任务就是藏起鳃冠并保证安全，因为它纤柔的鳃对于捕食者来说十分美味。有的裸鳃类甚至有一个特殊的囊，在危险时将鳃立即折叠放入囊中。*P. dubia* 收缩鳃并形成一个紧致的球，在身体上几乎不可见。总的来说，它的身体强壮有力，远比柔软的扇鳃和 *Dendronotus* 要强壮得多。或许以坚硬的苔藓虫为食对它们发育形成颚肌肉和全身肌肉大有益处。

　　P. dubia 的生殖方式十分特殊。与其他裸鳃类相似，*P. dubia* 是雌雄同体，个体间可同时相互受精，但是它们的交配方式比其他种类更为野蛮。*P. dubia* 的交配器官（阴茎）是尖的，而且上面有许多小的、尖锐的突起，交配时像注射器一样将生殖细胞直接注入到对方的皮肤下，而不是注入受精囊。因此，受精囊因并无实际用处而被隐藏了起来。它们繁殖行为的有趣之处在于受精过程和孵化时间与月运周期密切相关。它们在月圆时成群爬出并分成两只一组进行受精。约 10~15 天后，受精卵孵化形成浮浪幼虫，大部分会被困在苔藓虫 *Eucratea* 的分枝上，在此经历变态发育至成体。那些有幸随水流漂走的浮浪幼虫最终也会在苔藓虫上定居，以确保它们未来有充足的食物来源。

棘海牛属
Onchidoris
Onchidoris bilamellata

软体动物门（Mollusca）
腹足纲（Gastropoda）
裸腮目（Nudibranchia）
棘海牛科（Onchidorididae）
Onchidoris bilamellata Linnaeus, 1767

棘海牛 *Onchidoris bilamellata* 是北方海另一种有趣的裸鳃类。它个体较小，最大约 4 厘米，呈圆形，体表密布短球形的乳突，摸起来十分坚硬。在其背部有一个强有力的鳃冠，能够完全收进体内。在危险的情况下，它也能将感觉触角，即鼻通管（又称嗅角）藏起来，身体同时收缩，几乎与周围的石头完全融为一体，很难将其剥离。它的体表也覆盖着细小的钙质骨针，使其身体更加稳固。由于在进化过程中裸鳃类外壳退化，骨针便成为了外壳的替代物。有时 *O. bilamellata* 聚集成群，每平方米多达 1 000 个个体。有时它们能共同随着水流运动，并朝同一个方向爬行，成列编排成特别的形状。它们猎食的目标是藤壶，摄食过程可并不容易：它们用特殊的腺体分泌酸性物质溶解藤壶坚硬的外壳，随后利用齿舌在变软的藤壶壳上挖一个小孔。通过这个小孔，利用咽部有力的口泵将藤壶柔软、缺乏保护的身体吸出。如此专业的摄食机制着实令人惊叹。人类尚需要钳子、锤子和凿子等工具才能撬开藤壶，而一只仅有数厘米大的软体动物竟然能每日餐餐轻松实现！

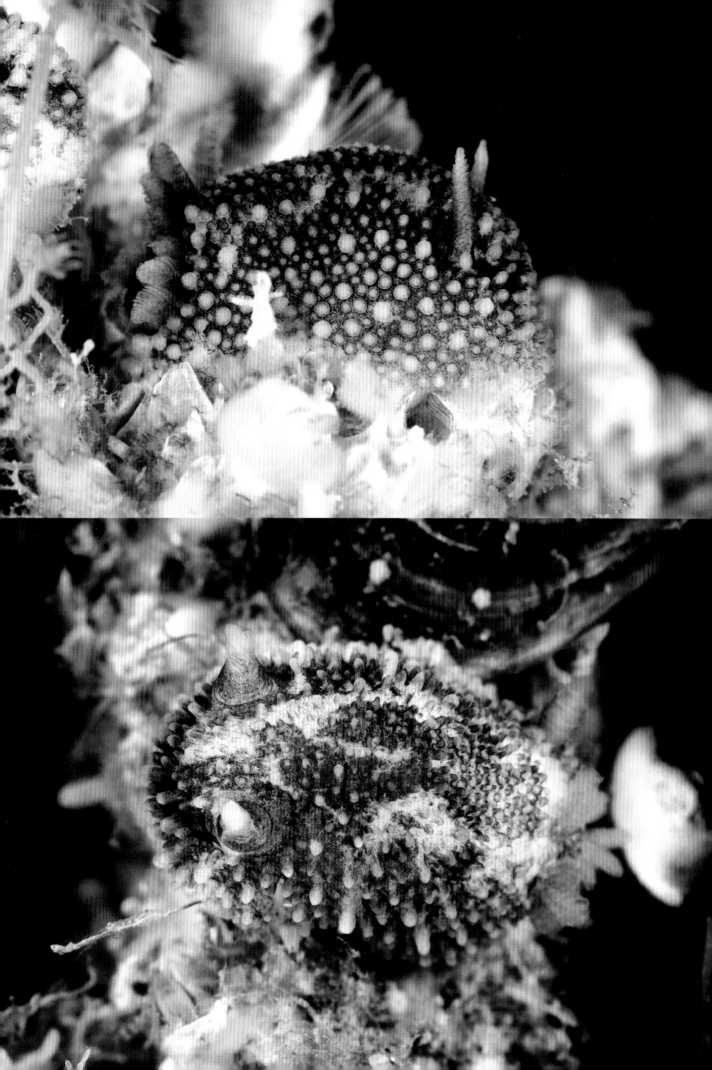

真鳃属
Eubranchus
Eubranchus tricolor

软体动物门（Mollusca）

腹足纲（Gastropoda）

裸腮目（Nudibranchia）

真鳃科（Eubranchidae）

Eubranchus tricolor Forbes, 1838

    Eubranchus tricolor 色彩鲜艳而醒目且分布广泛，从北冰洋水域到法国沿岸均有分布。春季栖息在水螅丛的分枝上咬食水螅，状态活跃。它们个体大且外形美丽，能长到 4.5 厘米。其宽大的乳突具有非常独特的颜色：透明的乳突内有黑色的管状肝盲囊，顶端为一圈亮黄色，末梢呈白色。因为独特的三色组合，这个种类便被命名为"tricolor"，意为"三色"。尽管乳突色彩鲜艳美丽，但是危急之时，*E. tricolor* 也会毫不犹豫地丢弃它。与其他一些裸鳃类的乳突相似，*E. tricolor* 的乳突中也含有通过捕食刺胞动物而获得的刺细胞。因此，当其他捕食者企图攻击 *E. tricolor* 时，会得到几小块被丢弃的乳突，然而这并不是一顿美餐，反而会被有毒的刺丝蛰伤。

头足类

Cephalopods

头足类是软体动物门、头足纲的统称，史前时期已为人所知，是海洋动物中非常有趣的一个类群。所有头足类的头部周围都有 8 或 10 条具有吸盘的腕。这些腕实际上是从原始软体动物的爬行足进化而来。但头足类中被称为"活化石"的鹦鹉螺（*Nautilus*）却是一个例外，有多条腕，但无吸盘。数亿年前，头足类是世界海洋中的优势类群，其中鹦鹉螺目、菊石目和箭石目头足类在海洋动物中占很大比例，可谓统治着海洋世界。迄今为止，已知已灭绝的头足类超过 10 000 种，现存约 800 种，包括鱿鱼、乌贼和章鱼。现存类群也包括鹦鹉螺和深海的幽灵蛸（*Vampyroteuthis infernalis*），又名吸血鬼鱿鱼。幽灵蛸是一个残遗种，也是幽灵蛸目中唯一的种类。现代头足类是高等无脊椎动物，具有发达的神经系统，视力和智力俱佳。它们能够改变自身形状和颜色，甚至可以模仿其他动物。

在数百万年的进化过程中，头足类的猎捕技能不断改进并趋于完善，但依然需要对抗天敌。它们用伪装、喷墨或喷气等多种途径进行自我保护。当其收缩外套膜时从一条小管射出水，从而形成一股强大的气流将对手猛烈地推开。无论是利用腕在海床上闲庭信步的章鱼，还是利用鳍游泳的鱿鱼和乌贼，都能够朝反方向快速运动。在俄罗斯远东海域，有些鱿鱼为了躲避捕食者甚至能跳出水面。为此它们需要将触手以特殊的方式折叠，看起来像一枚巡航导弹，得以在空中飞跃。

头足类多样性极高，大小差别很大，小至若干厘米（含触手），大到 18 米。偶尔从数千米的深水中游上来的巨型鱿鱼就有 18 米长。科学家们很难能活捉巨型鱿鱼，往往只能从搁浅死亡的抹香鲸的胃中找到被半消化的鱿鱼残体和喙。但是近年来，观察并拍摄多种巨型鱿鱼已成为可能。俄罗斯海大约有 70 种头足类，绝大部分生活在科曼多尔群岛和千岛群岛的远东海域，以及北冰洋水域。有些种类栖息在深海中，还未被科学界知晓。在广袤的大洋中，研究者们未曾涉足的领域仍有许多。

Enteroctopus属
Enteroctopus dofleini

软体动物门（Mollusca）
头足纲（Cephalopoda）
八腕目（Octopoda）
Enteroctopodidae科
Enteroctopus dofleini Wülker, 1910

　　章鱼可谓最令人惊奇的水生生物。*Enteroctopus dofleini* 称为被太平洋巨型章鱼，是全球海洋中个体最大的单生无脊椎动物。人类曾捕获的最大的太平洋巨型章鱼长达 9.6 米，重 272 千克。这种章鱼腕的基部甚至比一个成人的大腿还要粗，最大的吸盘有茶碟那么大。巨型章鱼是高度进化的动物，智商高且具有学习能力。它们生性孤僻、领地意识强，独居于小洞穴或石间较大的缝隙中。为了保持巢穴的干净整洁，它们利用体管吹走所有累计的碎屑。有时它们甚至会带回小圆石当做巢穴的门。大型章鱼极少出现在巢穴以外的地方。尽管个体巨大，它们仍有天敌，比如鳕。鳕能利用锋利的牙齿切下章鱼腕的末端。因此许多巨型章鱼的腕都不完整，不过腕末端会逐渐再生。

　　巨型章鱼能在洞穴中待上数周，但偶尔也出来觅食。它们大多以双壳类软体动物、螃蟹、鱼类、鱿鱼和乌贼为食，甚至以捕食鲨鱼著名。作为捕猎高手，它们有诸多捕猎的方法，包括伪装伏击并以极其缓慢的速度不动声色地接近猎物，或长时间地追踪后发起猛烈的突袭。通常，它们将猎物拉入巢穴后在里面进食，享受完全安全的进食环境。如果猎物是一只蛤或蟹，它必须用小而坚实的喙一片片地敲开猎物牢固的外壳，获取藏在壳下鲜嫩的肉。巨型章鱼进食后，将鱼骨、甲壳动物和软体动物的外壳存放在巢穴入口的前方，若在同一地点长期居住，便会聚集成堆的食物残渣。我们可由此了解它们的食物组成。

　　巨型章鱼能在 5 平方千米的领地内漫游，这个空间便是它们自己的猎场。如果一只巨型章鱼在领地里与另一只同类相遇，它们必然会展开一场殊死搏斗。最终，胜利者将吃掉失败者的尸体。

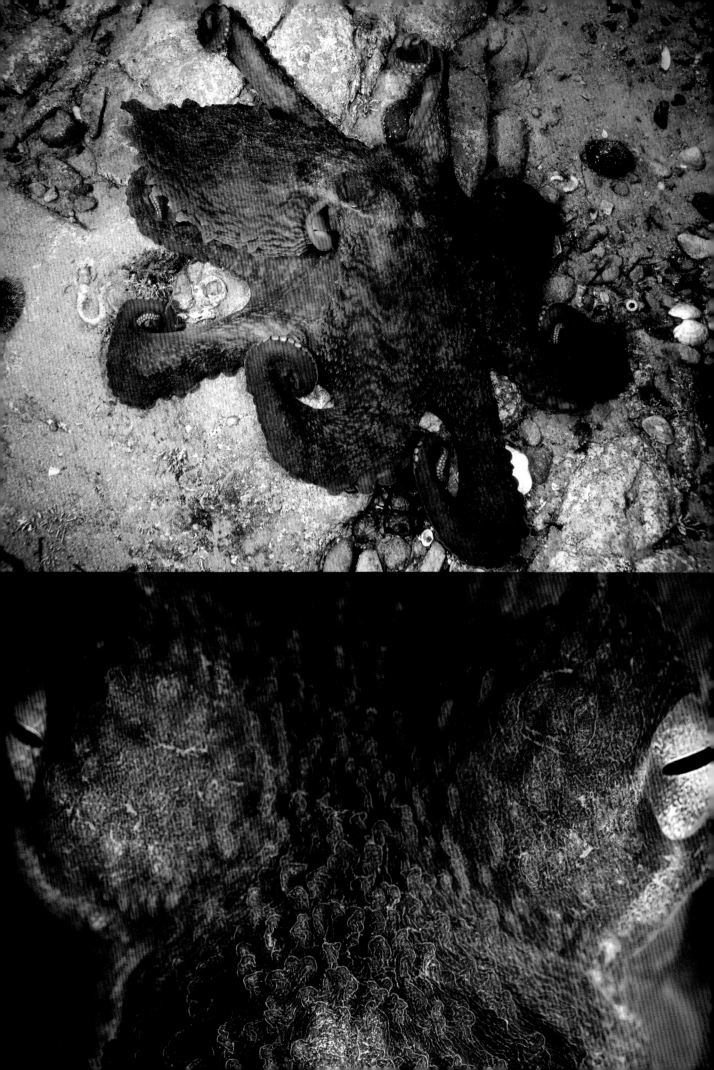

通常，头足类的寿命并不很长，章鱼也不例外。最大的章鱼可存活长达 4 年或 5 年。但是在残酷的现实环境中，它们往往在繁殖后便死亡。章鱼是雌雄异体，因此当繁殖季到来时，雄体在外套膜下形成巨大尖状精荚，有的能长达 1 米。雄体的一条腕特化为茎化腕。茎化腕是一个可运动的交配器官，负责将两个精荚传送给雌体，并小心翼翼地塞入雌体的外套膜下。一旦进入外套膜，章鱼便卸下精荚，释放出数百万个精子。数天后，雌体将产下 120 000 ~ 400 000 个受精卵，每 200~300 个形成一簇，隐蔽地挂于某处。产卵的过程需要数日。头足类具有护卵行为，受精卵孵化期间，雌体守护在卵旁，保护其免受捕食者的攻击，并用新鲜的海水冲洗卵群，以提供更多的氧气，保持干净免受真菌感染。受精卵的成熟时间取决于水温和其他环境因素，需要数月至一年的时间。在这段时间内，雌体从不离开她的洞穴，甚至不出来觅食。因此，当后代孵出后，雌性便筋疲力尽，饥饿至死。从受精卵中孵化出的小章鱼不经历变态发育，直接发育为成体。随后它们便开始占领新的领地。巨型章鱼生活在太平洋相当大的区域内，延伸至科曼多尔群岛到北冰洋水域。在领地中它们是真正的王者，为领地而战，甚至能击退个体最大的捕食者。

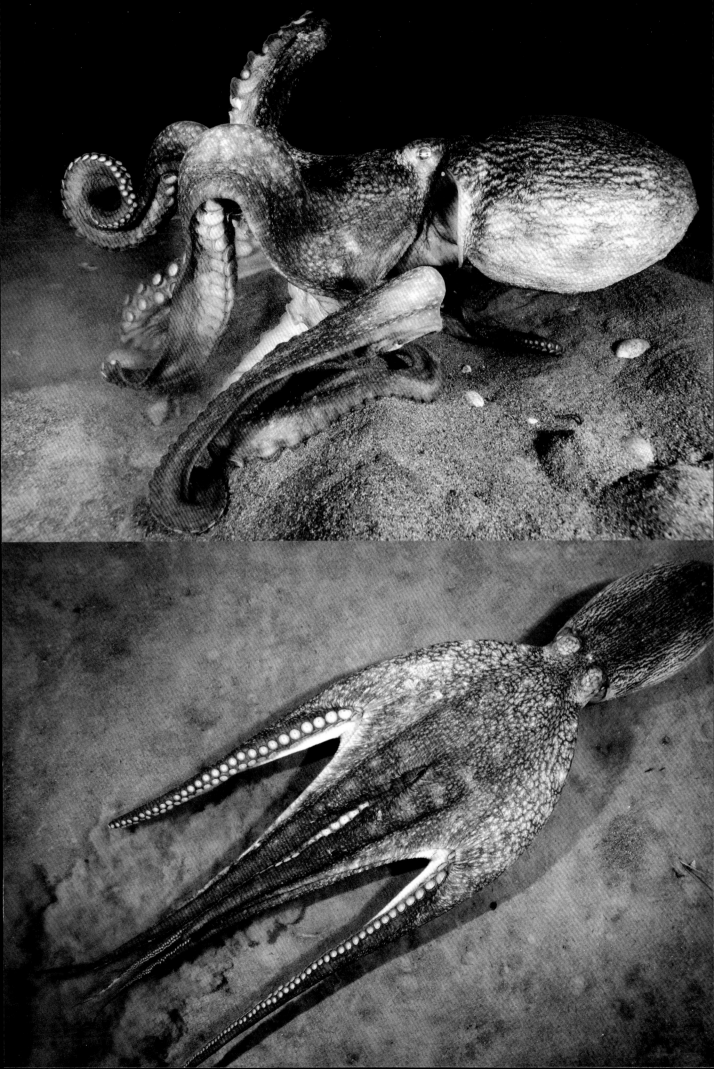

耳乌贼属
Sepiola
双喙耳乌贼
Sepiola birostrata

软体动物门（Mollusca）

头足纲（Cephalopoda）

乌贼目（Sepiida）

耳乌贼科（Sepiolidae）

双喙耳乌贼（*Sepiola birostrata* Sasaki, 1918）

　　乌贼是真正的伪装大师，有时在海床上很难发现它们。耳乌贼是其中个体很小的一类，平均体长只有 1.5~2 厘米，少有超过 5 厘米，因此更难被发现。双喙耳乌贼（*Sepiola birostrata*）生活在西北太平洋，见于千岛群岛沿岸和日本附近水域，从浅海到 500 米深处均有分布。由于其短小的身体上有两个宽大的鳍，在英文中被俗称为"蝴蝶短尾乌贼"。双喙耳乌贼是一种夜行动物。白天潜居在沙中，夜晚便出来觅食。它以小甲壳动物为食，如虾和糠虾。双喙耳乌贼有一种独特的能力，能在黑暗中发光，因此在日本被称为"灯笼乌贼"。从它的下方往上看，沿着身体的轮廓有一条宽亮带，仿佛一个光环。双喙耳乌贼的生物发光来自于它的共生菌——费希尔弧菌（*Vibrio fischeri*）。大量的发光菌生活在乌贼体表一个特殊的囊中。这个囊是一个大的、双角的房室，位于双喙耳乌贼腹面外套膜下，墨囊上方，发光囊中充满了黏液和发光细菌，被称为含菌体。当捕食者袭击双喙耳乌贼时，它会将墨汁和发光分泌物喷到袭击者的脸上，利用强光屏蔽其他动物的视线。随后双喙耳乌贼通过多次有力地收缩外套膜，从体管射出水流，利用反作用力实现快速运动，瞬间逃遁。

棘皮动物

Echinoderms

棘皮动物是海洋动物中古老而庞大的一类生物，现存约 7 000 种，已灭绝 13 000 种。棘皮动物包括海星、海胆、海百合、海蛇尾、海参和几个其他小类群。棘皮动物有两大特征，第一，成体多是辐射对称（通常是五幅对称）。科学家们认为棘皮动物共同的祖先是自由生活的两侧对称生物。在某个时候，或许在它沉入海底后，开始了固着生活，并发育成为辐射对称。因为对于固着动物来说，正面和背面的区分并不那么重要了。棘皮动物幼虫仍是两侧对称的，说明辐射对称出现于进化过程的后期。虽然某些种类如海参和歪形海胆最终会发育为两侧对称的形态，但所有的棘皮动物都会经历五幅对称发育阶段。

棘皮动物的第二大特征便是它们独特的水管系统，或称步带系统。这是一个复杂的管路系统，管中充满了一种与海水成分相似的液体。这一系统覆盖全身，是所有棘皮动物共有的特征。侧水管末端形成一系列短小的足，上有吸盘，足从身体伸出，称为管足。管足基部膨大为能收缩的小囊，称为坛囊或罍。棘皮动物通过收缩罍上的肌肉并改变管足中的液体压力，调控管足伸缩。这种液压机制很复杂却能协调一致，是其他任何动物类群中所没有的。棘皮动物的水管系统具有运动、呼吸、排泄和触感等功能。

全球海洋中的棘皮动物多样性极高。许多种类的外形、颜色和生活方式截然不同。在海洋最深处仍有棘皮动物，甚至还有在深海中营浮游生活的海参和自由生活的海百合，它们也常见于潮间带的岸边。棘皮动物大小从数毫米到数米不等，如一种海参——斑锚参（*Synapta maculata* 可长达 2 米。它们的摄食习性也多种多样：许多种类以碎屑为食，从海床和柔软的沉积物中获取食物，有的是杂食性的，有的是捕食性的（大多数为海星），还有一些是植食性的（主要为海胆）。棘皮动物遍布全球海洋，它们在冷水海域的生物量和物种丰富度与温热带海域的一样可观。

海盘车属
Asterias
Asterias rubens

棘皮动物门（Echinodermata）

海星纲（Asteroidea）

钳棘目（Forcipulatida）

海盘车科（Asteriidae）

Asterias rubens Linnaeus, 1758

海星几乎遍布全球海洋的每个海域。海盘车属可能是海星纲中最为典型的一个类群。它们具有五条等长、放射状的腕，每条腕上都有皮鳃、管足、视觉和触觉器官、生殖和消化系统。腕兼具多种功能，且有再生能力。海星利用腕缓慢运动，管足上的吸盘使它们能够在任何物体表面朝各个方向爬行。管足看似小小的足，实则是管状突出物，末端有吸盘。管足从步带系统（或称水管系统）中伸出，通过坛囊（或称罍）收缩改变管足中的液压，以此调控运动。海星能在腕完全不动的情况下，仅依靠管足运动，爬上垂直的墙面，打开贻贝或其他双壳类软体动物的外壳，并触碰周围的组织。海星也具有眼。每条腕的末端有红色眼点，感知光线的强弱变化。科学家们近来发现海星的眼点也能够大概识别静止物体的图像，使其能在环境中找到运动的路线。研究表明海星的眼成像宽度约为 200 像素。

和大部分海星种类相似，海盘车胃口极好，绝大部分时间都在觅食。它们捕食时运动缓慢，以小型腹足类、双壳类软体动物、海胆为食，有时也捕食螃蟹。通常，它并不挑食，也乐于以腐质为食。海盘车是贻贝养殖的"头号公敌"。曾有记载，在北海和白海，大量海盘车集体攻击密集的贻贝种群。它们的进食方式很特别：站在猎物（如双壳类软体动物）上，伸展开腕，利用管足末端的吸盘附在双壳类的外壳上，用力将双壳逐渐拉开。这时，可怜的软体动物必然试图紧闭外壳，但因需要呼吸，这种躲避维持不了多久。最终，双壳类的肌肉无力抵抗，稍有放松，壳间便出现了细小的缝隙，有时这条缝隙只有数百微米宽。海星便伸出胃，穿过缝隙小心翼翼地插入壳中，裹住猎物的身体并将其慢慢变成一顿美餐。海星吸出所有的肉质后，便缩回胃，开始第二

阶段的消化，只剩下两片软体动物的干净外壳。一只海星捕食一片贻贝群后，往往会留下一道空贝壳组成的小道，这条泛着珠光的路径便是海星过去数小时甚至数天的行动轨迹。

海星的寿命可以长达10年。但是，因为个体大小大多取决于摄食量，很难从个体大小判断它们的实际年龄。食物充足时，海星可以长得大且看起来营养充足。例如，在北方海，一只海盘车的直径可以达到半米。但在食物匮乏时，个体便会减小。

由于海盘车分布广泛，而且是海星纲最为典型的生物，常常成为各领域研究的对象。但有时它们"拒绝"参与某些实验，身体会出现异常的功能特性。一群丹麦的青年科学家在观察不同底栖生物时，将微型芯片植入不同海洋动物的体内并监测它们的位置。在实验过程中发现，海盘车能够迅速轻松地去除任何体内异物。科学家们将芯片小心翼翼地插入海星身体中央，而它能使芯片穿过体内复杂的系统，到达其中一条腕的末端，最终经一个特殊的消化器官排出体外。在这一过程中，没有任何器官受损。但即便身体受损，它也有极强的再生能力。一条断裂的腕甚至能再生长成一只完整的海星。

*Patiria*属
Patiria pectinifera

棘皮动物门（Echinodermata）

海星纲（Asteroidea）

瓣棘海星目（Valvatida）

海燕科（Asterinidae）

Patiria pectinifera Muller & Troschel, 1842

　　这种外形美丽的海星生活在北太平洋，但大量的群体仅见于日本海。在某些地方，它们丰度极高，以至于石块上亮蓝色的个体间几乎没有空隙。*Patiria pectinifera* 直径可达 18 厘米，通常有五条宽且短的腕，但是偶尔也有六条、七条甚至九条腕的个体。它的身体几乎是扁平的，体表覆盖着小而尖的鳞片，鳞片间相互交叠，因此它的身体看起来有些像覆瓦的屋顶。精细的皮鳃位于薄薄的鳞片之间，遇到威胁时，如捕食性的砂海星（*Luidia quinaria*），皮鳃会立即收缩入体内。*P. pectinifera* 既吃植物性食物也吃小型无脊椎动物，例如软体动物和甲壳动物。它打开软体动物的方式与海盘车相同，利用管足慢慢拉开壳。当摄食藻类或其他植物性食物时，它伸出胃，张大裹住食物，一旦接触到食物便开始消化。

　　P. pectinifera 常用于科学研究。它们对食物并不挑剔，因此极易在水族箱中大量培养。*P. pectinifera* 在日本海数量巨大，采集也相当简单。胚胎学家特别喜欢 *P. pectinifera*，因为透过其巨大而透明的受精卵，能够从最早期的阶段开始追踪它的生长发育。此外，*P. pectinifera* 再生能力强，能迅速从生理实验和各类操作中复原。即使是从胚胎分离出的单细胞也能发育为一个完整的个体并长成功能完善的幼虫。

轮海星属
Crossaster
轮海星
Crossaster papposus

棘皮动物门（Echinodermata）

海星纲（Asteroidea）

瓣棘海星目（Valvatida）

太阳海星科（Solasteridae）

轮海星（*Crossaster papposus* Linnaeus, 1767）

　　轮海星，俗称"太阳海星"，是北冰洋个体最大的海星，腕的跨度可以长达 35 厘米！轮海星不但体型巨大，且外形醒目，表皮呈鲜艳的红橙色，体盘和腕上具有白色或黄色的条纹以及其他花纹，上面密集覆盖着尖锐的突起。这种海星有 8 到 17 条腕。体盘和多条腕的形态仿佛太阳，因此得名"太阳海星"。轮海星不断游走，四处觅食，因此在各种地方都能见到它们，从潮间带到 1 200 米深的水域。它是一种非常贪婪的捕食者，以许多种底栖动物为食，尤其喜欢袭击其他海星。如果在海床上发现轮海星，你将会目睹其他生物被它吓得四散而逃的奇妙场景。海蛇尾、海胆、其他海星、软体动物和螃蟹都试图躲避它。轮海星是全世界移动速度最快的海星，可达每分钟两米，而其他海星的平均速度为每分钟5~15厘米。有时，轮海星甚至能袭击比自己大的海星，尤其是海盘车成体，虽然它们也是一种活跃的捕食者。在某些海域，轮海星的活动会大大减少其他棘皮动物和软体动物的种群数量。

　　对于轮海星来说，摄食软体动物并非易事。与海盘车不同，轮海星并不依靠物理力量打开猎物紧闭的外壳，而是利用一种特殊的化学物质攻击软体动物，使其开始配合并自愿地打开外壳，十分信任地将自己完全暴露。这种捕食策略仍有待深入研究。科学家们认为这类化学物质也为其他生物提供预警，在轮海星靠近前逃离。轮海星自身无所畏惧，它没有天敌！它的组织也有毒。已有实验证实轮海星的提取液对大部分海洋生物都有毒害，稀释提取液后放入水中，对所有生物产生了驱赶作用。曾有这样一个案例，两只家猫在吃了轮海星后急性中毒死亡。

紫蛇尾属
Ophiopholis
Ophiopholis aculeate

棘皮动物门（Echinodermata）
蛇尾纲（Ophiuroidea）
真蛇尾目（Ophiurida）
辐蛇尾科（Ophiactidae）
Ophiopholis aculeate Linnaeus, 1767

　　蛇尾是棘皮动物门一个较大的纲，种类超过 2 000 种。尽管蛇尾和海星一样，具有中央体盘和由体盘辐射伸出的腕，但二者的相似之处仅限于此。大多数蛇尾中央盘的背面和腹面密布着细小的钙质鳞片，身体健壮结实。某些种类的体盘还被一层厚厚的皮肤包裹，使其更加坚固。蛇尾五角形的口位于身体腹面，具有 5 个向内的颚。口与一个巨大的胃相连，胃几乎占据了体盘内的所有空间。但与海星不同，蛇尾无法将胃伸出体外。蛇尾的腕由许多脊骨组成，脊骨由脊间肌相连。蛇尾依靠这些肌肉的收缩而运动，但由于这类连接是刚性的，因此蛇尾的腕并不灵活，如果过度弯曲，极易折断。某些种类的体表无皮肤覆盖，每条腕的脊骨外还有一层保护结构，由骨骼形成，称为腕板，有些腕板具有长棘。蛇尾的管足位于侧腕板和腹腕板之间，无吸盘，主要功能为摄食而非运动。有些种类的管足会形成一张网，捕捉漂流或悬浮的有机物。蛇尾依靠腕不同的运动方式来运动，既能前伸也能拖后，还能将体盘撑起离开基质。有时，它们甚至可以利用腕行走。腕细而长，有些种类的腕甚至能伸展至 70 厘米长，其运动方式极像蛇，蛇尾也因此得名，从希腊语的"蛇"（Ophice）和"尾巴"（Oura）直译而来。

　　蛇尾是雌雄异体，进行体外受精。生殖囊位于中央体盘口面的腕基部，生殖腺与其相连。繁殖时，配子由生殖腺产生，排入生殖囊，然后通过囊上的裂缝状开口排入水中。蛇尾通常生活在礁石下方，但当繁殖季到来时，它们倾巢出动爬上礁石，利用四条腕站立起来，并举起其余五条腕将腕基部生殖囊中的生殖产物释放出来。繁殖季开始后，由于无数精子、卵子在水中受精，海

　　底的水变得浑浊。此时潜水将是一次非常有趣的体验！科学家们偶然发现蛇尾的繁殖周期与月运周期紧密相关。浮游幼虫从受精卵中孵化出来，开始在水中营浮游生活 80~200 天，随后经历变态发育，转变为成体。有些冷水种的受精卵则在生殖囊中直接发育生成幼小蛇尾。也有蛇尾能够进行无性繁殖，将身体一分为二，之后分别长出另一半。

　　蛇尾分布广泛，从潮间带至水深 8 千米的各个水深处都能发现。紫蛇尾（*Ophiopholis*）是北海最典型且常见的蛇尾。紫蛇尾个体较小，体盘直径最大 2 厘米，腕长 8~12 厘米。它们栖息于礁石下方和一些捕食者无法轻易到达的地方，例如死亡藤壶的住屋或双壳类软体动物的壳中。紫蛇尾的长腕从它们的栖身之所中伸出，利用腕板间细小的管足捕捉悬浮在水中的碎屑。在海床上的某些区域，你能够看到大片紫蛇尾的长腕，在水中轻柔地摆动。如果腕突然被捕食者咬住，将自动断掉并丢弃。但被丢弃的腕仍能继续摆动，成功地吸引了捕食者的注意力，蛇尾便有机会钻入石头间的缝隙并逃脱，而切断的部位很快便能再生。紫蛇尾的颜色和花纹是它们独特的特征。数百个蛇尾中也找不出两个完全相同的个体。

筐蛇尾属
Gorgonocephalus
Gorgonocephalus arcticus

棘皮动物门（Echinodermata）

蛇尾纲（Ophiuroidea）

蔓蛇尾目（Euryalida）

筐蛇尾科（Gorgonocephalidae）

Gorgonocephalus arcticus Leach, 1819

　　筐蛇尾，是一类形态独特的蛇尾，俗称"蛇发女妖头"。筐蛇尾十分罕见，但有时能在北方海域海床上的某些区域碰巧见到数千只。它们栖息于 20~4 000 米水深处，喜欢淤泥或碎石质地的海床，常常爬上单个巨大的石头。一旦爬到石头顶部，它们就利用三条腕站立起来，并举起另外两条腕，这些具有分枝的腕便形成一个宽大的猎网。筐蛇尾能长时间保持这个姿态，耐心地等待猎物。筐蛇尾直径长达 1 米，即便是最有经验的潜水员，借助手电的光线潜入完全黑暗的海底，看到筐蛇尾也会大吃一惊。第一眼看到它时，很难理解它们的腕到底是怎么了。事实上，筐蛇尾只有五条腕，但每过一段时间，每条腕会对称地形成两条分枝，因此一只年长的筐蛇尾看起来像一棵树枝卷曲的树。这些腕极其灵活，它们既能卷曲成一个圈，也能向腹面弯曲，还能抓住石头并朝各个方向运动。筐蛇尾扭动的腕与希腊神话中的一个女妖——戈耳工·美杜莎（Gorgon Medusa）的头发极像，她的头发是一条条蠕动的毒蛇。因此，筐蛇尾得名"蛇发女妖头"。在腕的末梢有一套微型的钩子，环绕着每一条小腕的分枝。筐蛇尾利用这些钩捕捉糠虾、磷虾和其他小虾、小鱼等猎物。猎物被捕后，灵活的腕便向腹面弯曲，将猎物送到布满齿的口中。

　　筐蛇尾没有浮游幼虫。它们的受精卵悬浮在水中，会被生活在相同生境中的软珊瑚（如 *Gersemia*）吃掉。然而，筐蛇尾的受精卵不是 *Gersemia* 的最佳食物选择，无法被消化，而是活跃地在珊瑚体内发育。稍后，幼小的筐蛇尾从受精卵孵化出，开始以周围的软组织为食。随着生长，它们从 *Gersemia* 内部移动到表面生活，捕食小型生物或"偷"珊瑚的食物。当幼小筐蛇尾的体盘长至直径 3 厘米，且腕的分枝完全形成后，它们便开始独立的生活。

球海胆属
Strongylocentrotus
Strongylocentrotus droebachiensis

棘皮动物门（Echinodermata）

海胆纲（Echinoidea）

拱齿目（Camarodonta）

球海胆科（Strongylocentrotidae）

Strongylocentrotus droebachiensis

O. F. Müller, 1776

　　冷水海域是海胆的天下。例如，在巴伦支海和鄂霍次克海某些区域的海床上，数百万海胆聚集，仿佛一片整齐、多刺的地毯。球海胆是北方海中最典型、最具代表性的一个类群，广泛分布在北大西洋、北太平洋以及北冰洋。它体色发绿，因此又被称做绿海胆，尽管不同的种群颜色各异，包括黑色、亮紫色、橙色和红色。球海胆个体不大，直径最大仅有 9~10 厘米，单生球海胆通常只能在石头间细小的缝隙中，或随水流漂浮的一小堆死亡海藻上看到。它们爬上海藻，咬食一切可食的有机物。球海胆是杂食性的，觅食时，利用细长的管足在海床上缓慢地爬行。与海星不同，海胆无法将胃翻出体外，而是咬食并利用一种特殊的、被称为"亚里士多德提灯（Aristotle's lantern）"的口器嚼碎食物。这是一种五辐射结构的颚，具有强有力的肌肉和若干坚固的齿。"亚里士多德提灯"是大多数海胆都有的典型结构，能够处理十分坚硬的食物。

　　海胆的体表覆盖着坚硬的骨板，骨板相互嵌合呈球形，形成外骨骼。骨板上有许多长棘刺，但球形海胆的棘与许多热带种类不同，无毒且不会在对手的体内断裂。棘刺不但具有保护功能，也有运动功能，基部的肌肉使之灵活运动，海胆便能利用棘刺自如"行走"。除了棘刺和长管足，海胆也有叉棘——一种变化的棘突，像一个三角形的钳子，有一个短而灵活的柄。海胆利用这些叉棘去除塞在棘刺之间的小动物和碎屑。一旦叉棘夹到东西，要么扔掉，要么送到口中，说不定是美味的食物。叉棘也能夹住贝壳或海藻掩盖海胆的身体，以躲避捕食者或遮阴。球海胆有多种类型的叉棘，其中一种具有轻微的毒性，通过夹疼捕食者实现自我保护。叉棘也能采集食物，有报道，海胆利用叉棘麻痹小鱼后将其吃掉。叉棘曾被误认为是生活在海胆上的某种寄生虫，因为

它们看起来像完全不同的另一种动物，能够巧妙地行使多种功能。

　　与大部分棘皮动物相同，海胆也是雌雄异体。雌雄配子在体内的生殖腺中生成，成熟后被释放到水中进行体外受精。受精卵孵化生成浮游幼虫，被称为海胆幼虫。海胆幼虫利用纤毛在水中运动，但也生有长的突出物，包括腕和钙质棘刺，帮助幼虫漂浮并随水流运动。海胆幼虫以微型浮游动物为食，在体内发育形成一个胚盘（海胆成体雏形）。在变态发育过程中，胚盘长成海胆的身体，而幼虫组织逐渐消失。幼小的球海胆下沉到海床上，开始独立生活。

　　球海胆的生殖腺，俗称海胆黄，是一道很受欢迎的美食。捕捉到海胆后，用剪刀沿着身体周边割开，猛烈地摇晃上半部，其他内脏都会掉出，只留下满是籽的生殖腺牢固地附着在壳上。你可以用茶匙或手指把生殖腺刮下来，直接生吃。海胆籽营养丰富，富含微量元素。许多国家海胆产业的发展导致过度捕捞现象严重，海胆种群急剧减小。因此，目前对海胆以及主要海产生物都实行定额捕捞，以限定捕捞数量。

多毛类
polychaetes

自由生活的多毛类，即游走多毛类多样性极高，广泛分布于全球各海域的底栖群落中。有些种类生活于海冰之间，有些则生活在深海，但生活在潮间带40~50米水深的类群多样性最为丰富。与固着生活的多毛类不同，自由生活的类群疣足发达且形态多样，能够在狭窄的地下洞穴中快速爬行或在水中快速游动。它们的摄食器官也与固着类群大不相同。大多数多毛类是食碎屑或是捕食性的，它们不是利用鳃冠被动地滤水，也不用细长的触手收集碎屑，而是发育形成一个能捕猎的咽，锋利带钩的颚和肌泵。每种类型的多毛类都有其独特的捕食方式。多毛类的生活方式多种多样，已知的类型极为丰富，但是在泥中、洞穴中，仍有许多种类有待发现。这是一个巨大的工程，这类研究每年产生大量数据，发现新种。新发现不仅来自遥远的北极区域，也可能近在咫尺，就来自海洋生物研究站步行可及的地方。

*Alitta*属
Alitta virens

环节动物门（Annelida）
多毛纲（Polychaeta）
叶须虫目（Phyllodocida）
沙蚕科（Nereidae）
Alitta virens Sars, 1835

  Alitta 是一类俗称为"帝王沙蚕"的大型沙蚕，能长至半米长，与人的大拇指差不多粗，通常生活在 12~15 米深的浅海。它们是杂食性的，以腐肉、植物性食物和双壳类软体动物的假粪为食。（注：软体动物从水中过滤并分选食物后，未被食用的颗粒物被黏液包裹成团排出，被称为假粪。）但是，它也能转变为捕食性的，以小型无脊椎动物和鱼类为食。帝王沙蚕生活在海床上，藏于石头下或在土里挖一个深洞。身体的前部从洞中伸出，等待猎物出现。帝王沙蚕能分泌形成一张黏液网，用来捕捉底层水中的小鱼或糠虾。它们的咽长而强壮，末端有两个巨大、锋利的几丁质颚。通常情况下，咽紧贴在身体上，但在捕食时，咽能瞬间伸至全长并抓住离口很远的猎物。随后，便将猎物拉回洞中。尽管帝王沙蚕的外形令人生畏，却是许多底栖生物的食物。鱼、螃蟹、虾、海星、蜗牛和其他捕食性多毛类绝不会放过任何吃它的机会。这也是帝王沙蚕极少离开洞穴的原因，一旦有任何风吹草动，它便躲回洞里。但有时它也会踏上冒险的旅程，迁移到遥远的地方。

  帝王沙蚕的繁殖季相当有戏剧性。当生殖产物成熟后，它的疣足末端发生了变化，用于在洞穴里移动原本短粗、钩状的刚毛，变得更长、更厚，使疣足看起来像密集的刚毛组成的桨，使帝王沙蚕变为了游泳健将。它们从海底上升到海面，成群在海面游动数日，释放精子和卵子。风平浪静时，能看到数千只帝王沙蚕像中国传说中的蛟龙一般划过水面。繁殖后，它们筋疲力尽，沉入海底，可能立即被饥饿的捕食者吃掉，或拼尽最后的力量钻入土中，在若干天后死亡。

叶须虫属
Phyllodoce
Phyllodoce citrina

环节动物门（Annelida）

多毛纲（Polychaeta）

叶须虫目（Phyllodocida）

叶须虫科（Phyllodocidae）

Phyllodoce citrina Malmgren, 1865

叶须虫是名副其实的游走多毛类。它的身体呈亮黄色，背部紫色的条带闪着金属的光泽。它的厚度为 2~3 毫米，长 12~15 厘米。这种高度活跃的多毛类不停地运动，在周围"翻箱倒柜"地搜寻食物。叶须虫是杂食性捕食者，也可转变为植食性或腐食性，更喜爱活的猎物。它的食物包括小型多毛类、软体动物、甲壳动物和其他小型无脊椎动物。它利用巨大的咽袋击猎物，咽能扭曲形成管状的吻，用以抓住并吸入猎物。吻上覆盖着成排、柔软的乳突。如果叶须虫感知到有猎物接近它的身体，但是距离前端较远，它会像蟒蛇一样用身体围绕着猎物，防止猎物逃脱，并用具有咽的前端靠近猎物。然而，长条形的身体也有劣势！麦秆虫（又称骷髅虾）、鱼或者其他底栖动物有时会抓住叶须虫的尾部袭扰它。有时，叶须虫会摇摆身体与袭击它的生物周旋，尽管结局可能还是被对方吃掉。

繁殖季来临时，成熟的叶须虫雌体产生大量的卵子，黏液包裹着细小、翠绿的卵，形成像茧一样的卵袋。随后，雌体小心翼翼地将卵袋附着在海藻、石块或其他水下的物体上。不久，雄体爬到茧上并使卵受精。叶须虫为了保护受精卵免受捕食者侵害，便将受精卵藏在断裂的海带柄的内腔中，十分隐蔽。叶须虫通常蜷曲围绕在卵袋周围，驱赶进攻者，护卵直至幼虫孵化。数天后，被称为担轮幼虫的浮游幼虫从受精卵中孵化而出，活跃地捕食更小的浮游幼虫、原生动物和微小的浮游植物。它们渐渐长大，生成新的体节。最终，幼虫形态趋近于蠕虫状时，沉入海底，进入幼体阶段，便沿着海床开启了漫长的游走之旅。

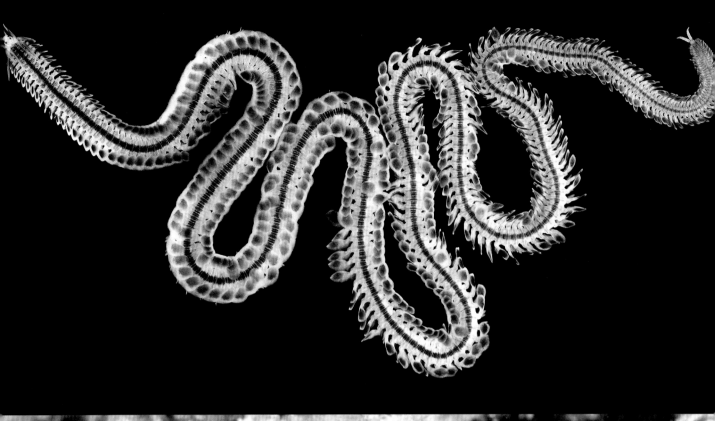

背鳞虫属
Lepidonotus
方背鳞虫
Lepidonotus squamatus

环节动物门（Annelida）

多毛纲（Polychaeta）

叶须虫目（Phyllodocida）

多鳞虫科（Polynoidae）

方背鳞虫（*Lepidonotus squamatus* Linnaeus, 1758）

　　背鳞虫是一类分布广泛的多毛类，生活在日本海、鄂霍次克海、白令海、白海、巴伦支海、北大西洋其他海域及地中海。这些多毛类喜欢栖息在 20 米以浅的浅海，常见于多碎石或壳质的海底、大型藻类的假根或石头下的空隙中。它个体较小，不超过 5 厘米，身体扁平，具有特殊的"盔甲"。背鳞虫属于多鳞虫科，这类生物的名字源于它们的背部覆盖着坚硬的鳞片，或称鞘翅。背鳞虫体表有小的隆起和脊，在遇到危险时，它将自己卷曲成一个圈，保护柔软的腹面。它的 12 对鞘翅可以呈现黄色、棕红色、灰色或不同颜色的组合，但通常为了等待猎物或躲避捕食者，鞘翅的颜色十分朴素，以便"隐身"完全融入周围的环境。背鳞虫是多毛纲中凶猛的伏击捕食者。它的咽具有两对坚硬的几丁质齿，咽能瞬间射出并牢牢抓住猎物。它以其他多毛类（包括 *Alitta*）、小型甲壳动物、棘皮动物和软体动物为食，几乎一切它能对付的生物都能成为它的食物。

　　有趣的是，许多多鳞虫科生物有一个共同的特征——会发光。它们的鞘翅在紫外灯的照射下会发出明亮的光。目前，我们还不知道这类生物究竟为何需要发光，科学家们正在研究它们的发光机制，试图找到相应的发光蛋白。有假设认为某些多鳞虫种类受到捕食者攻击时，会将鞘翅脱落。在黑暗中发光的鞘翅会吸引捕食者的注意力，多鳞虫便趁机逃脱。

细裂虫属
Amblyosyllis
Amblyosyllis finmarchica

环节动物门（Annelida）
多毛纲（Polychaeta）
叶须虫目（Phyllodocida）
裂虫科（Syllidae）
Amblyosyllis finmarchica Malmgren, 1867

　　裂虫科多毛类是底栖生物中最奇特的一类生物，其中的细裂虫也不例外。细裂虫个体小而纤细，能长至15毫米，栖息于海绵和红藻丛中。它的外形十分另类，每个体节上的疣足都长有非常长的背部延伸物，看起来更像是从身上伸出的触手。这些"触手"相当灵活且能卷曲。尽管我们并不知道细裂虫究竟用这些"触手"来做什么，但是我们猜测这些背须可能具有触觉功能，也能像"帆"一样航行？细裂虫可以脱离附着的基质，伸展开身体上所有的细须，随着水流"扬帆起航"。它也能有节律地弯曲它的身体，以缓慢地游动。如果它受到惊吓，它会立即打开所有的背须，个体看起来仿佛变大了，可能以此来震慑捕食者。细裂虫的口前叶有一对亮红色的眼，三条触须和一对灵敏的触角。这个种类有一个独特的特征，即头后侧有深色的"耳朵"。这些"耳朵"被称为项器，具有化学感应功能。

　　对于细裂虫的生活方式、摄食习性和繁殖，我们知之甚少。透过它们半透明的身体，可以看到相对明显的S形咽，咽具有一个肌泵。或许细裂虫与其他一些裂虫相似，正是用咽吸入食物（如水螅体）。为了准确描述这一种类，科学家们仍需深入研究其生活方式的各个方面。

自裂虫属
Autolytus

自裂虫
Autolytus sp.

环节动物门（Annelida）

多毛纲（Polychaeta）

叶须虫目（Phyllodocida）

裂虫科（Syllidae）

自裂虫（*Autolytus* sp.）

　　自裂虫是裂虫科另一个奇特的种类。这类生物生活在全球海洋的许多海域，在冷水海域分布非常广泛。它们个体大小中等，为4~12毫米，擅长游泳，有时丰度极高，能布满数米的水柱。我们常能在浮游生物群落中见到挂卵的自裂虫，卵袋附着于身体上。我们认为在卵成熟和繁殖季之前，自裂虫是生活在海床上的。当繁殖季到来时，它们便游上来营浮游生活。自裂虫有很好的视力，能够轻松逃脱任何追捕，至少能躲避拿着试管的潜水员。其个体小，营浮游生活，观察自裂虫并不容易。了解它们的物种多样性也是一个挑战，自裂虫的种类数远比研究这类生物的科学家的人数要多。独特的外形使它们较容易被分辨：红色巨大的眼，口前叶上许多突出物（触须和触角）以及鲜艳的颜色。夜晚在水中游动的自裂虫会被手电的光吸引。如果在某些季节潜水，可能会有一大群自裂虫围着你游动，用它们四只红色的眼睛盯着你。

海蜘蛛
Sea Spiders

海蜘蛛与陆生蜘蛛并没有亲缘关系，是节肢动物门中一个独立的纲——海蜘蛛纲，也被称为皆足虫，源于希腊语，意为"全部由腿组成"。迄今约有 1 300 种海蜘蛛已经被描述，广泛分布于全球海洋中，从潮间带到数千米深的深海都有它们的足迹。它们的足展从数毫米到 90 厘米，但身体却相对较小，最大的种类仅有几厘米。如此长的足使它们能在任何基质上运动，即便是最柔软的海底，因此它们无处不在。有些种类甚至能用足在水中缓慢有节律地游泳。尽管海蜘蛛几乎完全由足构成，但它们的运动速度并没我们想象的那么快。它们的肌肉其实较为柔弱，且水的阻力较大，无法自如地摆动布满硬毛的长足。因此，海蜘蛛的运动相当缓慢，对于潜水员来说，观察它们是相当枯燥乏味的。它们能保持静止不动长达约 40 分钟，或需要花很长时间移动一对步足，从一块石头挪到另一块。但有时它们也会异常地活跃。

海蜘蛛没有鳃或其他呼吸器官，它们直接通过体表吸收少量氧气。氧气的量虽少，但对于它们从容的生活状态来说已相当充足。总之，海蜘蛛的解剖结构和生活方式都十分独特，许多行为仍需更加密切地观察。由于与其他节肢动物类群差异巨大，它们的分类地位仍存争议，我们还不清楚它们究竟是从何进化而来。尽管科学家们运用了比较生物学和分子生物学等多种方法开展研究，还未完全揭晓这些问题的答案。而分类上，海蜘蛛被归为节肢动物门、螯肢动物亚门，该亚门中还包括鲎、蝎和蜘蛛。

丝海蜘蛛属

Nymphon
Nymphon grossipes

节肢动物门（Arthropoda）

海蜘蛛纲（Pycnogonida）

皆足目（Pantopoda）

丝海蜘蛛科（Nymphonidae）

Nymphon grossipes Fabricius, 1780

丝海蜘蛛的足极长，与纤细的身体相连。它的身体只能容纳一半的器官，生殖和消化系统都长在足部。丝海蜘蛛有两对眼睛，位于身体背侧前端。能够分辨光暗，或者还能看清某些物体的轮廓。头部也位于身体前端，有一个坚硬的管状吻和具螯的抓握肢，称为螯肢。海蜘蛛大多以柔软的固着生物为食，如海绵、水螅和苔虫。它们要么将吻直接刺入其他生物体内吸食，或用螯将食物撕碎。它们需要数分钟的时间才能缓慢而小心地从一个水螅挪步到另一个。由于它们行动迟缓，有些固着生物的幼虫喜欢待在它身上。苔虫或水螅甚至可能长在海蜘蛛的足上，小型端足类或麦秆虫则常常借海蜘蛛搭个"顺风车"。然而，海蜘蛛并不总是乐于承担搭载的任务，因此它们会清理足部，将虾推下去或撕碎水螅。

海蜘蛛的生殖过程也颇为有趣。雄体会找到一只足部已经装满卵子的雌体，爬到雌体背部，耐心地等待卵子成熟。当雌体排卵时，雄体会马上为成批的卵受精，将受精卵收集成一个特殊的卵块，并以负卵足携带卵块直至受精卵孵化。雄体还会继续携带孵化出的幼虫相当长一段时间，这时它看起来像一团乱糟糟的东西，足部从四处伸出。幼虫依靠卵黄吸收营养而生长。初期，它们利用一个特殊的腺体分泌一条粗蛛丝，以牢牢抓住亲体。幼虫经过数次变态发育长大，卵黄的储备耗尽，它们便离开亲体，开始独立生活。

甲壳动物
Crustaceans

北方海中生活着无数甲壳动物。它们是海洋无脊椎动物中最大的类群，构成了食物链的基础。在某些地方，某种甲壳动物的生物量可以超过其他所有动物生物量的总和。甲壳动物包括浮游生活的糠虾、磷虾，它们是鲸和许多鱼类的主要食物；也包括许多端足类和等足类，它们是海洋"清道夫"，清除海床上的死亡有机物，在海洋群落中发挥重要的作用；还有些寄生性端足类，能够控制水母和其他胶质生物种群数量。甲壳动物还包括螃蟹、虾、龙虾和许许多多其他类群，也是人类重要的捕捞对象之一，因此它们不但对于海洋健康至关重要，也与人类健康息息相关。我们甚至可以为北方海的甲壳动物单独写一本书，可能包含若干卷。每一次海洋科考都能发现新的甲壳动物种，而广袤的俄罗斯北方海及远东海域仍未被探索。

糠虾属

Mysis

Mysis oculata

节肢动物门（Arthropoda）

软甲纲（Malacostraca）

糠虾目（Mysida）

糠虾科（Mysidae）

Mysis oculata Fabricius, 1780

　　糠虾是一类小型甲壳动物，广泛分布于北冰洋，营浮游或底栖生活。糠虾与十足目真虾的关键区别在于糠虾的胸肢为双肢型，非常适合游泳。尽管有些底栖糠虾种类能够利用附肢行走甚至能在泥里挖洞，但绝大多数种类终生都在无休止地运动，无法停在基质上或用附肢行走。糠虾与真虾的另一个区别是，糠虾雌体将卵和幼体放在胸部下方的一个育卵囊中。从育儿袋中孵化出的幼虾与成体外形相似。糠虾目中约有 1 000 个种类已经被描述，有些生活在冰冷的淡水湖泊或冰川水中，有些则可能从海洋进入河流，逆流而上，游到很远的地方。大部分糠虾的体长不超过1~3毫米，但深海种类个体较大。透过半透明的身体可见它们的器官，包括巨大、棕色的星形细胞。星形细胞是充满深色色素的色素细胞，位于腹部体节的上方，一个挨着一个排列，较小的则散布在全身。在有光的条件下或在浅色地面上，色素颗粒会聚集到细胞的中央，糠虾体色就较为明亮。但在黑暗中，色素便分散到整个细胞，糠虾体色变暗。

　　糠虾的眼巨大且具眼柄，触角长。这些感觉器官使其能够在水中找到细小的食物颗粒，感应到捕食者并及时逃脱。糠虾本身游泳速度相当快，但是在遇到危险时，它们会突然跳数次，立即到达几米远的地方以躲避危险。它们有诸多天敌，比如许多鱼类、水母和海葵都视其为美味的食物，当糠虾聚集成群时，会引来鲸，而且糠虾身上也常有海蛭附着。糠虾自身以微型浮游生物和碎屑为食，利用具刚毛的颚足滤水、抓住藻类或死亡动物。糠虾通常在冷水海域数量庞大，形成了北冰洋食物链的重要环节。

拟褐虾属

Paracrangon

Paracrangon echinata

节肢动物门（Arthropoda）

软甲纲（Malacostraca）

十足目（Decapoda）

褐虾科（Crangonidae）

Paracrangon echinata (Dana, 1852)

虾是大多数人可能都熟悉的一类底栖甲壳动物，在全球各个海域均有分布，甚至在淡水中也有。虾被广泛食用，因此被大量养殖。但是，这仅限于数十个具有经济价值的种类。事实上，在海洋中有超过 2 000 种虾，每年科学家们还会找到并鉴定新种。有些非常小，个体最多 1 厘米，有些则相当大，体长达到 30 厘米。它们生活在各类生境中，从浅水到 5~6 千米深的水域均有分布。有的虾外观与我们常见的相似，而有些则十分另类，仿佛来自科幻电影，很难判断身体的各个部分分别是什么。

其中一种外形奇特的便是来自冰冷的俄罗斯远东海域和北太平洋的一种拟褐虾 *Paracrangon echinata,* 又被称做"角虾"。这种小虾最长不超过 8 厘米，浑身布满了无数尖锐的突起，在海藻丛或水螅群中很难发现。当它伸展开细长的第三胸足时，便能稳定地保持静止不动。胸节上共有五对步足，前两对用于捕食，第三对则是感觉触角，用于感应猎物的运动，其余则用于站立和行走。*P. echinata* 以小型甲壳动物为食，如端足类、虾、糠虾和多毛类。当捕食小型猎物时，它们一击致命，抓住并吞下猎物一气呵成。当捕食较大的猎物时，它们将前足像矛一样快速、多次刺入猎物，将其杀死后，便从头部开始从容地享受美餐。*P. echinata* 积极地抵御大型捕食者的袭击，包括螃蟹、章鱼或鱼。为此，它必须摆出一个防御的姿势：弓起身体，伸出所有的刺。与其他虾类似，在遇到危险时，*P. echinata* 也能通过几次有力的跳动迅速逃离袭击者，由于不起眼的体色和无数突起，得以"隐身"于水螅丛中。

硬褐虾属
Sclerocrangon

粗糙硬褐虾
Sclerocrangon boreas

节肢动物门（Arthropoda）

软甲纲（Malacostraca）

十足目（Decapoda）

褐虾科（Crangonidae）

粗糙硬褐虾（*Sclerocrangon boreas* Phipps, 1774）

　　粗糙硬褐虾（*Sclerocrangon boreas*）也被称做"北方虾"，是北冰洋和北方海底栖生物中重要的代表种。它几乎遍布 600 米以浅的海床各处，是一种极为强大、活跃的大型捕食者，能以强有力的螯捕捉并吃掉一切能抓住的猎物。它的外壳十分坚固，如其整个身体一样，布满了许多厚刺和突起，因此在英文中它们被称为"雕塑虾"。它通常大部分时间都在伏击，藏在沙子、淤泥或破损的贝壳中，只露出眼睛和细小的触角。一旦猎物出现在它跳跃可及的范围内，粗糙硬褐虾便以迅雷不及掩耳之势一跃而起抓住猎物。有趣的是，它的体色常与环境相匹配，相距仅数十米的两只粗糙硬褐虾，各自的体色也因所在环境而异。当它栖息在长满石枝藻（*Lithothamnion*）的海床上时，会呈现特别有趣的颜色。石枝藻是一种美丽的粉色壳藻，当粗糙硬褐虾在其周围时，身体便出现精美的粉色小点，这使它的外观看起来不那么可怕，但丝毫不改变它凶猛的本质。

　　尽管粗糙硬褐虾并不是一种经济种，但与大部分虾类的经济种相比， 它的肉质厚，重量大，味道更鲜美。在远东，另一种硬褐虾 *S. salebrosa*，俗称"熊虾"，是一种人工养殖的经济物种。这真的是一生中至少要尝一次的美味。

互爱蟹属
Hyas
Hyas araneus

节肢动物门（Arthropoda）

软甲纲（Malacostraca）

十足目（Decapoda）

突眼蟹科（Oregoniidae）

Hyas araneus Linnaeus, 1758

　　互爱蟹几乎在北方海随处可见，尤其是挪威沿岸。从潮间带到 400 米水深处，有食物的地方就有它们的踪迹。它们是食腐动物，以鱼类、海豹、水母、海葵等许多落入海底的动物残骸为食。由于互爱蟹的腿细长，看起来像蜘蛛，因此也被称做蜘蛛蟹。它们是个体相当大的动物，泪滴状的外壳能长至 10~12 厘米，腿能伸展到几十厘米。尽管体型大，但由于缺乏巨大的螯或带刺的壳，仅在边缘有一些小隆起，互爱蟹显得很无助，自我保护不得不完全依赖于伪装。它颜色柔和，能够完全与周围环境融为一体，它常将自己埋入海底或藏在石缝中。有时，你会在石头下狭窄的洞中发现一只紧缩成一团的互爱蟹。幼蟹会用海藻碎片盖住背部。较大的互爱蟹身上有时会长满藤壶，藤壶锋利的钙质外壳让捕食者对互爱蟹的兴趣大减。

　　在白海，绒鸭是互爱蟹的主要捕食者。绒鸭是北方一类大型海鸭，能够潜入 30~40 米水深处，在海床上搜寻美味的食物。螃蟹不是最方便获取的猎物，尽管绒鸭能利用喙轻松抓住螃蟹，但将其吞下并不容易。当绒鸭抓住一只螃蟹回到水面上时，它开始抓住蟹腿剧烈地摇晃，直到所有蟹腿脱落，只剩下躯干。但此时绒鸭也必须找到窍门才能将螃蟹塞进咽喉。互爱蟹外壳上的小隆起均朝向同一个方向，绒鸭必须将这些隆起转向自己外侧后才能将其吞下。为此，绒鸭将互爱蟹向上扔，并用喙抓住它，直到朝向正确，才能落入口中。随后，绒鸭吃力地将蟹吞下。坚硬的蟹壳进入绒鸭强有力、厚壁的胃部，胃部完全依靠物理力量碾碎食物。绒鸭之前吞入的小石块也能帮助消化，它不但可以消化蟹壳，也能消化更为坚硬的双壳类软体动物的外壳。

毛甲蟹属
Erimacrus
马毛蟹
Erimacrus isenbeckii

节肢动物门（Arthropoda）
软甲纲（Malacostraca）
十足目（Decapoda）
角螯蟹科（Cheiragonidae）
Erimacrus isenbeckii Brandt, 1848

　　Erimacrus isenbeckii，也称做马毛蟹，是诸多生活在俄罗斯远东海域的螃蟹种类之一，也是其中最美味的一种。它体型较大，栖息于堪察加半岛和科曼多尔群岛沿岸至日本沿岸 250 米深水域。大量马毛蟹常见于浅水的海藻间，它们在此能获得大量且多样的食物。与其他螃蟹类似，马毛蟹是一种食欲旺盛的杂食动物。一大群马毛蟹会扫荡般吃光一大片区域内所有可食的东西。但是，它们通常偏爱软体动物和小型甲壳动物。它们的外壳宽大，长度可达 12~15 厘米，附肢上覆盖着短而硬的刚毛，这个种类也因此而得名"马毛蟹"。

　　在俄罗斯和日本，马毛蟹是一种昂贵的经济种，被广泛捕捞并作为一道美味佳肴。真的值得一尝！但是，如果你试图不用任何工具徒手抓住一只马毛蟹，那很可能为此牺牲一只手指！马毛蟹的螯强劲有力，且步足末梢极其锋利，这不仅帮助它们在海床上敏捷地运动，也是它们反击捕捉者的有力工具。体型较大的个体真的能夹痛，甚至是刺穿人的手，留下一个剧痛的伤口。它们身上携带的泥或污垢也会引起伤口感染发炎。在它们成为盘中餐之前，你必须极其小心。

寄居蟹属
Pagurus
Pagurus pubescens

节肢动物门（Arthropoda）

软甲纲（Malacostraca）

十足目（Decapoda）

寄居蟹科（Paguridae）

Pagurus pubescens Krøyer, 1838

　　与所有的寄居蟹一样，*Pagurus pubescens* 也是一个隐居者，多数寄居于螺壳内，广泛分布于东北大西洋、白海和巴伦支海。在北方海，*P. pubescens* 生活在 15~300 米水深处，常年处于冰冷和黑暗中。寄居蟹害怕手电筒的光，正如它们害怕一切潜在的危险。它们会快速逃离或躲进壳里，将身体完全缩进去，使壳看似空洞。寄居的壳意义重大，是它们的庇护所和家。随着寄居蟹的蜕皮和生长，住所的大小需要不断升级。当它看到一个合适的空壳时，便从旧居中爬出，迅速爬往新居，一下子敏捷地跳进去。有时新居并不怎么合适，可能被污泥堵塞或有尖锐的碎片。这时，寄居蟹会不情愿地再次爬出，返回旧居。如果两只寄居蟹同时选定了一处新居，那只能打一架来一决胜负了。*P. pubescens* 攻击性和领地意识强，因此同类间常发生争斗，体型较小的一方通常难免失败而亡。它们是杂食性的，以碎屑和小型无脊椎动物为食，包括多毛类、棘皮动物、小型甲壳动物和各类动物的卵。它们也不排斥腐食，与端足类、海星和软体动物一同"清理"海底。

　　在繁殖季，雄性寄居蟹的行为有些特别。当雄蟹看到一只心仪的雌蟹时，会跑向她，用螯紧紧抓住她寄居的壳缘。雌蟹被吓得静静待在壳里，甚至不敢向外张望。雄蟹便带着他的心上人——受到惊吓的雌蟹四处游走，直到雌蟹蜕皮，这时她不得不从壳中出来，正是雄蟹翘首期盼的时刻。雌蟹出来后，雄蟹将精荚（一个装有精子的囊）附到雌蟹身上。完成后，雄蟹便离开。随后，雌蟹开始独自生活，卵一旦排出，便立即被附着在身上的精荚受精。当两只雄蟹打斗时，它们会抢走对方的心上人，但也有两只雄蟹自愿交换配偶的情况。有些雄蟹特别自信，同时带着两只雌蟹到处游走——每只螯各夹着一位"新娘"。

*Acanthonotozoma*属
Acanthonotozoma inflatum

节肢动物门（Arthropoda）

软甲纲（Malacostraca）

端足目（Amphipoda）

Acanthonotozomatidae科

Acanthonotozoma inflatum Krøyer, 1842

　　端足类是软甲纲、端足目生物的统称，是一大类十分有趣的甲壳动物。端足类有着极高的物种多样性和生物量（即个体数）。它们分布极为广泛，在所有你能想象到的生境中都有分布，从潮间带到数千米水深处，从淡水、深洞到热液喷口，甚至是森林地表上也可见它们的踪迹，它们能轻松、自由地在潮湿的落叶间游走。随意翻开海边的石头，也能看到端足类：大小约1厘米的身体卷曲、侧躺着，试图游开或爬到附近的石头下，以躲避突如其来的关注。约10 000种端足类已有正式描述，但这仅是冰山一角。它们在北方海分布也十分广泛，占据了很宽的生态位。

　　Acanthonotozoma inflatum 是最独特且醒目的端足类之一，见于北大西洋、白海和巴伦支海，生活在6~25米浅水区茂密的红藻丛中。它们身体呈亮红色，尽管看似醒目，却能完美地"隐身"于海藻中（红色在水中几乎不可见）。A. inflatum 以苔虫为食，利用颚足打开苔虫的外壳。因此，除了隐藏于红藻间，它们也常见于苔虫群体中。偶尔，你会发现一只刚刚蜕皮的 A. inflatum，坚硬的红色旧角皮脱落，露出淡粉色的新角皮，后者不久便会变硬。与其他甲壳动物相似，这种端足类几丁质的外骨骼是肌肉的附着处，蜕皮一段时间后才能变硬，这段时间内它们无法运动，而且尤为脆弱。因此，蜕皮时 A. inflatum 必须躲在安全的地方，避免敌人的攻击。

*Anonyx*属
Anonyx nugax

节肢动物门（Arthropoda）
软甲纲（Malacostraca）
端足目（Amphipoda）
Uristidae科
Anonyx nugax Phipps, 1774

　　不同科和种的端足目生物特点和生态位各异。有些栖息在海绵中，而另一些则打开苔虫并吃掉整个群体。有的以水体中的小型浮游生物为食，有的是植食性的，还有的则寄生在水母上。而栖息在北方海某些海域的 *Anonyx nugax* 却是成群的食腐动物，以动物尸体为食。它们主要生活在冷水海域，喜欢在夜间活动。在白天，它们常埋在沙子里。当夜幕降临时，它们便从沙中爬出，开始像苍蝇一样成群在海床上觅食。它们通常是杂食性的，但当它们找到一只鳕鱼或海豹的尸体时，进食的场面震撼而恐怖。数百只甚至成千上万只一厘米大小的 *A. nugax*，堆积在一起，闪闪发亮，聚集在尸体上。与此同时，还有数千个没占到位置的个体像土星环一样围绕在周围，旁观着这场盛宴，焦急地等待着。本着"先来先得"的原则，一旦食物上出现了一点空间，便会被围观群体中的一只迅速抢占。

　　单只端足类个体小，只能吃少量食物，但它们以个体数量取胜。群体数量庞大，吃饱的刚离开，饥饿的同伴便即刻接上，在最短的时间内吃完整个尸体。端足类能在20~30分钟内吃完一只小鱼，只剩下骨头和鳞片，而吃完一只大海豹则需要数天或数周。同时，它们也是海床"清洁队"中的一员。"清洁工作"需要庞大的食尸大军有组织、全负荷地辛勤工作。

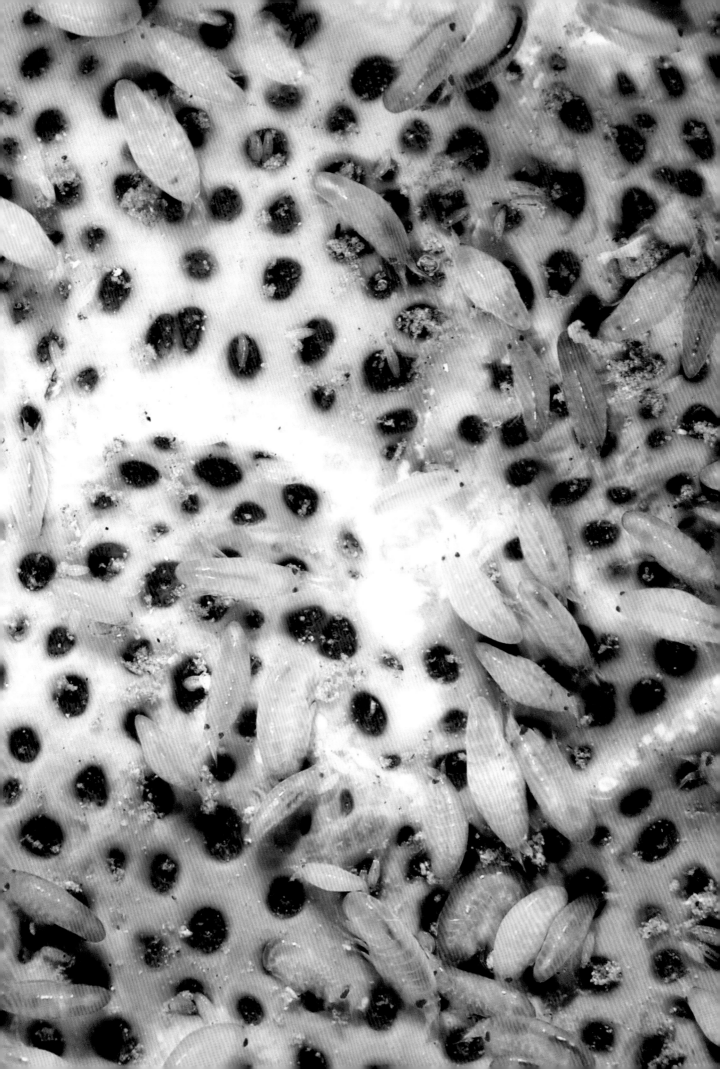

*Paramphithoe*属
Paramphithoe cuspidate

节肢动物门（Arthropoda）

软甲纲（Malacostraca）

端足目（Amphipoda）

Epimeriidae科

Paramphithoe cuspidate Lepechin, 1780

Paramphithoe cuspidate 是一种非常特别的端足类，淡粉色的身体上布满了锋利的突出物。它们仅有 1 厘米长，生活在 20 米以深的水域，并不易被发现。它们只栖息在海绵中，在海绵上为自己咬出一个洞穴，大部分时间待在里面，几乎不出来。有时，你会在一个较大的洞穴中看到数只 *P. cuspidate*，但一只海绵上仅有一只 *P. cuspidate* 的情况十分罕见。它们与海绵的共生机制，为什么在别处看不到它们的身影，我们尚不清楚。*P. cuspidate* 在海绵中出生并终生生活在其中，要么待在洞穴里，要么稍微爬出一点点咬食洞穴。它们与海绵能如此共存相当长一段时间，随着海绵的生长，*P. cuspidate* 将其慢慢蚕食。但是，如果 *P. cuspidate* 数量增长过多，居住环境变得拥挤，或海绵停止生长了，它们便被迫离开舒适的洞穴，去寻找新住处。

有趣的是，这种端足类会努力保护自己栖息的海绵。我们观察到多次，*P. cuspidate* 攻击企图吃掉它们家园的海星。在白海，鸡爪海星（*Henricia*）常常挑起这类争端，这时会有若干端足类立即爬上海星并开始咬它的皮肤。如果海星对吃哪只海绵并不那么挑剔的话，它会为了安全迅速离开。

*Metopa*属
Metopa alderi

节肢动物门（Arthropoda）

软甲纲（Malacostraca）

端足目（Amphipoda）

板钩虾科（Stenothoidae）

Metopa alderi Bate, 1857

    Metopa alderi 是一种体型微小的端足类，几乎总是与水螅共生在一起。在北方海，共生在喉外肋螅（*Ectopleura larynx*）和花筒螅（*Tubularia indivisa*）上的 *M. alderi* 种群数量尤其大，它们就像停在电线上的鸟，密集地覆盖在水螅的触手上。并且发育形成了一种抵御刺细胞的机制，能够安全地与水螅生活在一起。它们大多喜欢"窃取"水螅抓到的食物，直接从水螅的口触手中拖走食物。但是，并非所有 *M. alderi* 都能如此幸运，有时花筒螅会将它们整个吞下。通常，成体（最大 5 毫米）栖息在水螅的螅茎上，而幼体（最大 3 毫米）栖息在水螅的触手冠上。它们悉心照料幼体，就像成体蟹会保护幼体长达一年。*M. alderi* 是为数不多的专门与其他生物共生的端足类之一，科学家们目前尚未发现自由生活的 *Metopa*。在冷水海域，也发现了 *Metopa* 种类与贻贝共生的现象。但是，鲜有关于这种特殊的共生关系的报道。

    如果不潜入海中直接观察，研究 *Metopa* 的生活方式和行为几乎是不可能的。当你采集样品时，扰动到了水螅，*Metopa* 便会跑开，它们的栖所也被破坏了。因此，在水族箱中重塑一个完全相同的生长环境几乎不可能，或者至少需要很长的时间才能实现。科学家们采用现代方法专门研究这类生物，即慢速摄影和延时摄影。这些方法帮助我们观察到 *Metopa* 在较长时间内的行为，也包括观察 *Dulichia*、埃蜚（*Ericthonius*）等许多其他甲壳动物。这是一个很典型的例子，许多生物的行为研究是根本无法在实验室内实现的。

短脚蛾属
Hyperia
乳短脚蛾
Hyperia galba

节肢动物门（Arthropoda）

软甲纲（Malacostraca）

端足目（Amphipoda）

蛾科（Hyperiidae）

乳短脚蛾（*Hyperia galba* Montagu, 1815）

　　短脚蛾（*Hyperia*），属于端足目、蛾科，是北极胶质动物的"大麻烦"。它们个体小，最大不超过 1.5 厘米，寄生于水母和栉水母的体腔内，并以它们的组织为食。营浮游生活的短脚蛾具有巨大的眼，能够在水中活跃地游泳、觅食。当它们发现一只心仪的水母时，便会落在水母的伞上并向内挖一条隧道。因为从伞下接近水母是十分危险的，一不小心便会沦为水母的猎物。短脚蛾通常寄生在大型钵水母体内，如海月水母（*Aurelia*）、煎蛋水母（*Phacellophora*）和霞水母（*Cyanea*）。它能在水母的中胶层中咬出一个巨大的管道系统，用锋利的后肢将自己固定在水母的软组织中，用前肢一片片撕下水母的组织并拉入自己的口中。

　　水母含水量高达 99%，大部分组织并没什么营养。但水母的胃里有许多捕获和收集的浮游动物，在这些食物被消化和分散到辐管中之前，短脚蛾就把它们偷走。此外，水母的生殖腺中也有正在发育、富含卵黄的卵。卵为幼虫和胚胎提供了生长发育所需的所有物质，富含大量营养成分。因此，绝大部分动物的卵是极具吸引力的食物来源。自然界中有许许多多以卵为食的生物，短脚蛾也不例外。它最爱的栖身之所便是水母的生殖腺，在里面完全被卵包围。一只较大的水母可以在一到一个半月的时间充当短脚蛾漂浮的家和餐厅。寄生的短脚蛾在宿主体内活跃地摄食和繁殖。幼虫也直接在这个餐厅中孵化生成，一出生便能享用无尽的食物。短脚蛾边吃边长，很快就把水母咬成了一个千疮百孔的筛子。水母死后沉入海底，残骸被扇鳃（*Flabellina*）、螃蟹和端足类 *Anonyx*（见 258 页）等食尸动物吃掉。食物被吃光后，短脚蛾就离开死亡的水母，继续漂游，寻找下一个新目标。

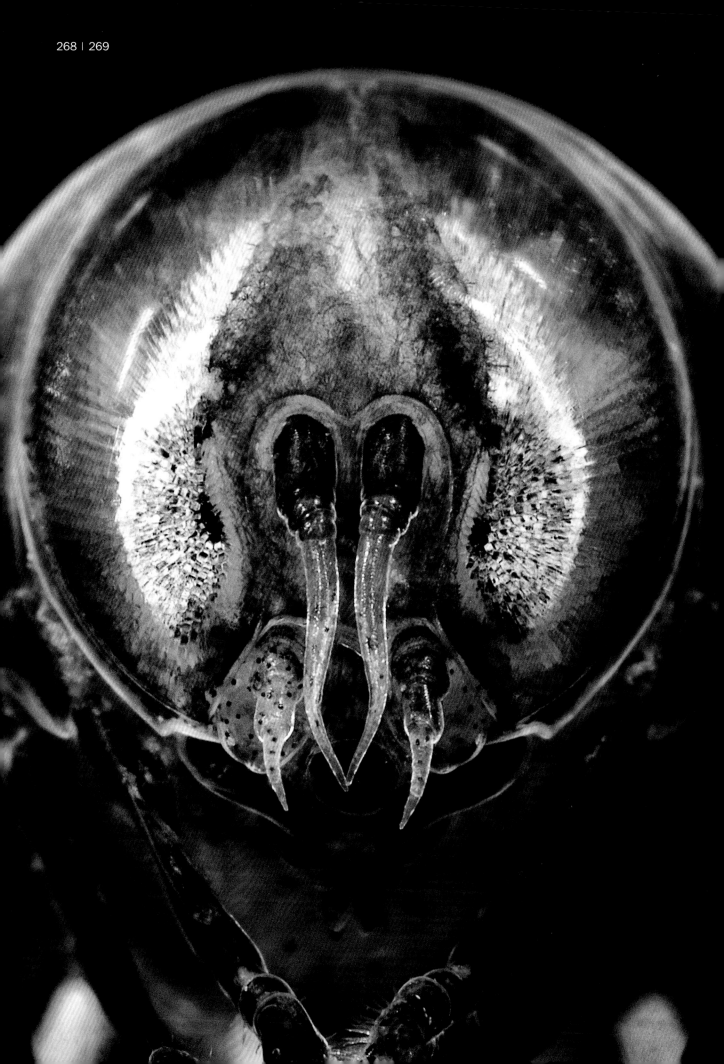

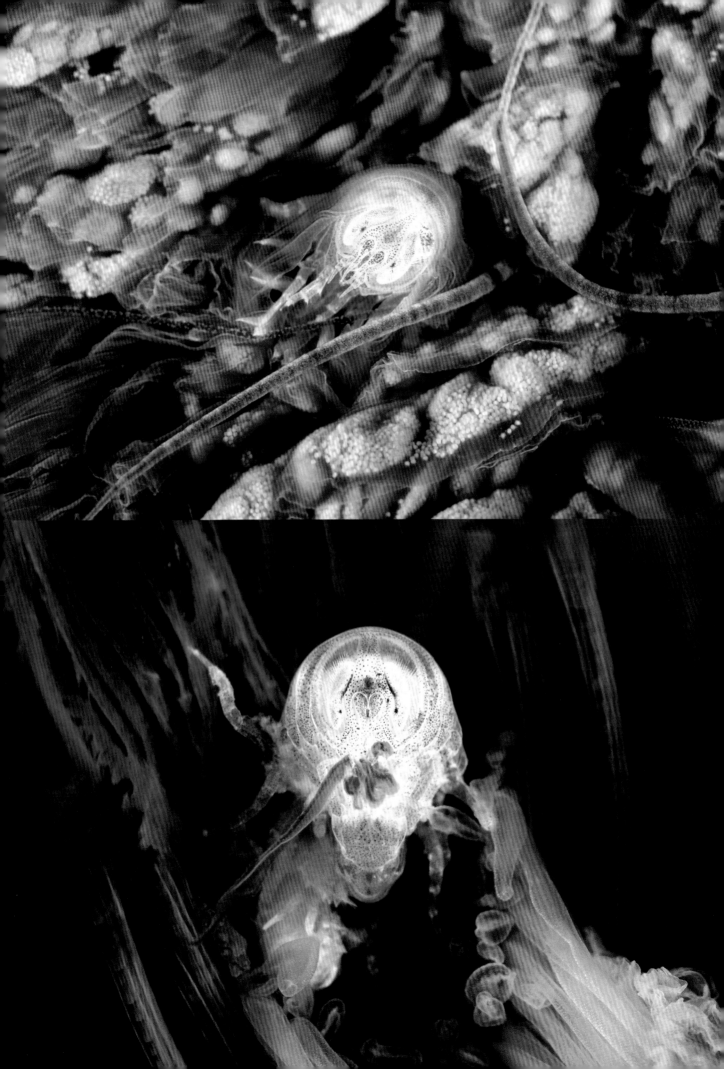

结语

本书中所呈现的动物只是海洋生物中的冰山一角，浩瀚而神奇的海洋世界亟待探索。冰冷却富饶的俄罗斯海域是世界上尚未被研究者深入探索的区域之一。摆在我们面前的是成千上万的新发现、未知的奇特动物、新的经济物种、新型生化和技术研究。这些研究将为我们提供用以开发新型药物、有机材料、食品等等的相关知识和资源。但是，我们首先需要研究并了解全球海洋中庞大的生物群体是如何运转的，并学会与这一系统和谐相处。人类作为地球上的一个物种，我们的未来关键取决于对海洋最深处各种综合过程的认识和对海洋环境的有效管理。探索海洋是一种有趣、特别且有成就感的生活方式。潜入水中，你将亲眼目睹一个充满奥秘和惊人新发现的神奇世界。

译后记

看这本书之前，你可能很难把"北冰洋"和"潜水"、"生机盎然"联系在一起。而此时，在跟随极地"人鱼"的镜头游历了这个真实的冰冷水世界之后，我相信你已经被它丰富的生物多样性所震撼。在翻译本书的过程中，这种反差感也不断地冲击着我。初看目录，我还略感轻松地认为这些都是海洋生物学教科书中涉及过的类群，应该都不陌生吧。然而，当一张张或鲜艳或怪异的照片、一个个在海洋生物图谱或中文种名录中找不到的陌生名字映入眼帘时，我意识到，我们曾经对北冰洋的了解是多么匮乏。

曾经，我们对大多数海洋生物的记录必须经历采集、固定、观察、绘图和文字描述的过程。如今，随着潜水装备、水下探测技术的发展，我们能够通过原位影像目睹海洋生物的真实形态和即时行为，甚至是微观变化。教学和科普的手段也从单一的纸质传播，进化到了 VR 互动。这一切的发生必须归功于诸多像亚历山大·谢苗诺夫一样的勇敢者和开拓者，用对自然的热爱和对探究真相的执着改变我们对世界的认识。我很荣幸，能将他的所见所闻译作中文，让更多读者有机会享受这场北冰洋冷遇记，更希望这本书可以成为年轻人或孩子们梦想的起点，成为下一个勇敢者，窥探水下"平行宇宙"的奥秘！

翻译过程中，得到了曲茜女士、刘光兴教授、陈洪举博士、曹泉博士和李磊博士的大力支持，在此表示衷心的感谢。原著中部分物种没有确切对应的中文学名，中译本中直接用拉丁学名表示。

译稿中还有诸多需要仔细推敲的地方，敬请广大读者不吝指正。

庄昀筠

2019 年 10 月 17 日

于青岛